U0263308

太湖流域重大治污工程水生态影响监测与评估

吴时强　吴修锋　戴江玉　陆海明　著

科学出版社

北京

内 容 简 介

本书是"十二五"国家水体污染控制与治理科技重大专项子课题"太湖流域重大工程生态影响监控与评估"研究成果的系统总结。主要以"引江济太"工程与太湖生态清淤工程为研究对象,通过分析引水与生态清淤工程影响下太湖浮游植物、底栖生物、水生植物及其生境理化要素的动态响应,优化了重大工程生态影响跟踪监测技术,构建以单因子指数与综合指数为一体的重大工程生态影响评估指标体系,提出了太湖流域重大工程生态影响跟踪监测与评估技术方案,可为流域重大治污工程水生态监测与评估提供技术参考。

本书可供生态水利学、环境工程学、湖泊生态学、环境生物学及湖泊水生态环境保护等相关领域的科研技术人员、政府部门相关管理人员和高等院校师生阅读和参考。

图书在版编目(CIP)数据

太湖流域重大治污工程水生态影响监测与评估/吴时强等著. —北京:科学出版社,2019.4

ISBN 978-7-03-061079-9

Ⅰ.①太… Ⅱ.①吴… Ⅲ.①太湖-流域-水环境-生态环境-环境监测②太湖-流域-水环境-环境生态评价 Ⅳ.①X143

中国版本图书馆 CIP 数据核字(2019)第 075040 号

责任编辑:周 丹 曾佳佳/责任校对:杜子昂
责任印制:师艳茹/封面设计:许 瑞

科 学 出 版 社 出版
北京东黄城根北街 16 号
邮政编码:100717
http://www.sciencep.com
河北鹏润印刷有限公司 印刷
科学出版社发行 各地新华书店经销
*
2019 年 4 月第 一 版 开本:720×1000 1/16
2019 年 4 月第一次印刷 印张:14 1/2 插页:4
字数:290 000
定价:128.00 元
(如有印装质量问题,我社负责调换)

前　言

地处北亚热带的长江中下游地区，是我国湖泊分布较为集中的区域之一。其中面积 1 km² 以上的湖泊超 600 个，约占我国淡水湖泊总面积的 60%，且这些湖泊大多是浅水湖泊。近年来，受人类活动和亚热带季风气候影响，该地区的众多浅水湖泊已呈富营养化，夏秋季节蓝藻水华频发，水质不断恶化，局部水域甚至发生湖泛黑臭现象，严重威胁湖泊流域经济发展和生态环境健康。以太湖流域较为典型，太湖流域位于长江中下游三角洲腹地，河网如织，湖泊星罗棋布，水面总面积约 5551 km²，水面面积在 0.5 km² 以上的大小湖泊共有 189 个，湖泊面积 40 km² 以上的有 6 个。太湖作为流域最大湖泊，承载着流域水资源调蓄与水生态维系的核心作用。太湖蓝藻水华防控问题一直是国内外焦点。

作为应对湖泊蓝藻水华灾害、改善富营养化状况的有效手段，引水、清淤等工程措施已广泛应用于国内外湖泊治理实践，并在太湖流域发挥了积极作用。如"引江济太"工程，在现有的望虞河引水、太浦河供排水为主的工程体系下，"十二五"期间"引江济太"累计通过常熟水利枢纽调引长江水 100.1 亿 m³，通过望亭水利枢纽引水入湖 48.8 亿 m³，通过太浦闸向下游地区增供水 49.0 亿 m³，改善了太湖及周边河网水质，保障了太湖、太浦河及黄浦江上游水源地供水安全，有效应对了突发水污染事件，取得了显著的社会、经济、环境和生态效益。

根据《太湖流域水环境综合治理总体方案（2013 年修编）》要求，流域在结合水资源配置和防洪工程前提下，积极推进太嘉河、平湖塘延伸拓浚、新沟河延伸拓浚、新孟河延伸拓浚、望虞河西岸控制、扩大杭嘉湖南排、望虞河后续（拓宽）等引排工程项目的实施，目前多个工程正在实施或已竣工运行。对于生态清淤工程，流域也在推进东太湖、西太湖等生态清淤工程。同时，对洮湖、阳澄湖、长广溪等淤积比较严重的湖泊河网适度进行生态清淤，并妥善解决可能出现的底泥重金属或持久性有机污染物超标等问题。

随着太湖流域引水与清淤等重大工程的持续运行或建设，对太湖乃至流域的水生态将会产生不可忽视的影响。对于引水工程，现阶段望虞河引水入湖水源的氮磷营养盐含量仍然高于湖泊水体，而引水在加速湖泊水体交换的同时对水生态影响及其程度如何也并未有科学论断；对于清淤工程，大规模的清淤对于沉积物及其上覆水体生物化学效应与恢复性也缺乏有效评估。同时，不同于传统的湖泊水生态监测与评估，引水与清淤等工程的湖泊水生态影响与工程动态调度运行情况密切相关，水生态要素的时空分布规律不同于未受工程影响的水域，传统的湖泊水生态监测与评估方法并不完全适用。因此，引水与清淤等工程湖泊水生态效应亟须科学、系统的监测与评估。

本书在系统回顾国内外湖泊水生态监测、引水与清淤工程水生态效果评估研究进展的基础上，针对太湖流域典型引水工程及生态清淤工程，采用调研、监测等方法，针对水文、气象、生境、生物等多种耦联相关的生态要素，结合工程生态敏感因子，在流域生态监测网络体系构建的基础上，研究太湖流域引水工程、生态清淤等重大工程对湖区水生态影响监测体系建立的关键技术，完善工程水生态效应监控指标与点位布设体系，初步确定典型重大工程水生态环境影响评估的指标，提出太湖流域重大调水引流工程与生态恢复工程水生态影响的跟踪监测与评估程序和方法，开展典型引水、生态清淤工程等重大工程水生态影响的评估，形成重大工程湖区水生态影响监控与评估技术方案，为太湖流域水生态监控网络、技术方法体系及业务化运行模式建立提供科学和技术支撑。

全书共分为十章。各部分撰写人员如下：前言由吴时强撰写；第 1 章由吴时强、戴江玉、陆海明、沙海飞撰写；第 2 章由吴修锋、戴江玉、陆海明撰写；第 3 章由吴时强、吴修锋、薛万云撰写；第 4 章由戴江玉、吴修锋、吕学研撰写；第 5 章由戴江玉、吕学研、杨倩倩撰写；第 6 章由吴时强、戴江玉、杨倩倩撰写；第 7 章由陆海明、戴江玉撰写；第 8 章由陆海明、吴时强撰写；第 9 章由陆海明撰写；第 10 章由吴时强、戴江玉、陆海明撰写。全书由吴时强、戴江玉、陆海明等统稿、定稿。

本书的出版得到国家水体污染控制与治理科技重大专项（2012ZX07506-003）和国家自然科学基金面上项目（51479120，51679146）以及中国科协青年人才托举工程项目（2017QNRC001）的联合资助。撰写过程中还得到南京大学、河海大学、江苏省水利厅、生态环境部南京环境科学研究所、中国科学院南京地理与湖泊研究所、江苏省环境监测中心、常州市环境监测中心、苏州市环境监测中心等单位的帮助，在此一并致谢。工程水生态效应应当长期跟踪关注，本书受监测资料的限制，以及限于作者水平，难免有不妥之处，恳请读者批评指正，以便在今后的研究工作中加以改进。

作　者

2018 年 10 月

目　录

1 绪 论

1.1 概 述

湖泊生态修复工程是一项新兴的工程领域。界定什么是湖泊生态修复工程，需要制定湖泊生态修复成功与否的判别准则。由于缺乏这类准则，在很多湖泊生态修复工程实施过程中缺少相应的评估技术，因此很难对修复效果进行有效的监测、评估。再者，随着科技进步，各类水生态修复技术层出不穷，但是目前对于这些技术的实施效果缺乏有效的评价，从而使水生态修复工程陷于较为盲目的境地，急切需要制定切实可行的标准或准则，指导水生态修复工程评价工作（Hobbs and Harris, 2001; Lake, 2001）。我国湖泊生态修复建设刚刚起步，有必要借鉴发达国家的经验，着手建立适应我国国情的湖泊生态修复综合评估准则，以此指导湖泊生态修复的规划、设计、施工和管理，为今后制定我国湖泊生态修复技术标准和指标体系奠定技术基础。

生态修复工程建设的重点有两项：一是生物栖息地建设；二是湖泊自然水情条件的改善。对于水情条件改善问题，近年来我国水利界开展了不少讨论并实施了若干示范项目，比如最小生态需水量问题、河湖治污、改善生态调水行动等。河湖生物栖息地建设问题，无论是对河流管理者还是研究者来说，都是一个新课题。所谓栖息地建设主要是恢复湖泊形态的多样性，在湖泊纵向和横向都保持多样性，防止渠道化。另外要保持河湖的纵向连续性和侧向连通，创造生态系统的物种流、能量流、营养物质循环以及生物竞争的条件。生态系统是否健康，需要建立完善的评估体系，评估工作的基础是长期、完整的水文、气象、生境和生物监测资料，因此生态修复工程建设的基础工作是建立生态要素监测系统。

目前国内重大工程的生态影响监测主要是通过生物采样、调查以及遥感方法，从点的采样到面的分布进行调查分析，但这些方法系统性、跟踪性不强，且尚缺乏一套完整的评价指标、程序和方法，对其他工程监测评价的借鉴性弱。目前太湖流域水生生境监测还相对薄弱，处于初步发展阶段，而针对引水、生态清淤等重大工程的水生态影响的监测更是几乎空白，难以满足对这些生态修复工程的生态效益进行有效的监测和评价。因此，亟须建立一套适合于太湖流域重大生态工程生态影响的评价指标和监测方法、手段及跟踪评价程序和方法。

依据《太湖流域水环境综合治理总体方案（2013年修编）》，太湖流域水环境治理工程主要包括引排工程、湖泊生态清淤工程、湿地保护与恢复工程以及河道（网）综合整治工程。引排工程与湖泊生态清淤工程主要针对太湖、淀山湖等湖泊，属于重大生态工程；湿地保护与恢复工程以及河道（网）综合整治工程针对部分河道与湿地，流域层面上在建工程规模有限。同时，作为缓解太湖蓝藻水华灾害的重要工程措施，引水工程对湖泊浮游植物的影响是工程生态效应关注的焦点，选取浮游植物作为引水工程的敏感指示生物可有效反映引水工程的生态影响。而底栖动物与水生植物则是生态清淤工程的敏感生物，常作为清淤工程生态影响的指示生物。因此，本书针对太湖流域引水、生态清淤重大工程对湖泊生物与生境的影响开展跟踪监测与评估，建立适用于太湖流域的重大工程生态影响跟踪监测与评估方案。

1.2　国内外湖泊水生态监测研究现状

1.2.1　湖泊水生态监测与评价技术研究现状

湖泊作为一种重要的淡水水体，与人类的生存和发展密切相关，在供水、防洪、航运、养殖和旅游以及维持区域生态系统平衡等方面发挥着巨大作用。湖泊水体、湖泊生物和湖泊沉积物构成完整的湖泊生态系统。通过对湖泊水量、水质、生物资源、沉积物底质等湖泊组成要素的调查监测获取第一手数据，掌握湖泊生态系统基础信息是了解湖泊水生态状况变化、减少和防止不合理的人类活动造成的干扰破坏的首要任务。

1. 国外湖泊水生态监测与评价

水生态监测和评价是指通过对水生态系统中不同水生态指标（非生物和生物）的监测，以及通过数学方法处理形成综合指数，反映水生态系统完整性状况（张咏等，2012）。生物监测是水生态监测区别于传统的水质理化指标监测的主要内容，根据水生生物群落与水体水质变化过程密切相关的特点，通过测定水生生物的群落组成和结构等演化，直接或间接地反映水体状况及其发展趋势。生物监测评价可以分为指示生物监测评价和综合指数评价方法。

美国从 2007 年开始实施旨在了解全美水生资源的全国性调查评估项目（National Aquatic Resource Surveys，NARS），该项目由美国国家环境保护局、各州和聚居部落共同实施，主要拟回答以下 4 个问题：①全国有多少水能支撑健康的生态系统和娱乐活动？②最常见的水质问题是什么？③水质是在改善还是恶化？④改善水质的投资是否合适有效？该项目由全国沿海状况评估、全国湖泊评估、全国河流、溪流调查和全国湿地调查四种不同水体类型调查项目组成，该项目计划每 5 年实施一次,2007 年的调查结果和报告已陆续发布。2012 年开始的湖泊调查工作已进入汇总数据处理和向公众发布阶段。

2012 年美国国家环境保护局再次组织全国湖泊调查评价项目,此次湖泊调查评价比 2007 年更为详细,制定的方案也更加完善,为此项目办公室组织编写了《候选调查湖泊筛选技术导则》《野外操作技术导则》《实验室分析操作手册》《数据质量保证方案》四个主要技术报告,有力地保障了本次湖泊调查的数据质量。在筛选候选调查湖泊时,采用了在医学研究、选举民意调查中广泛采用的基于统计方法原理的抽样调查法。最终本次调查确定了对 904 个湖泊开展调查,其中 398 个湖泊在 2007 年曾经调查过。

2012 年湖泊调查指标的分类方法与 2007 年略有不同,本次调查指标分为 4 类:①水体营养状态和水化学指标,主要包括叶绿素 a,塞氏盘透明度,水体纵剖面分层水质,pH、总氮、总磷等其他水化学指标;②生态完整性指标,主要包括大型底栖无脊椎动物群落、包括入侵植物在内的水生植物群落、生物栖息地特征、浮游植物群落、沉积物硅藻群落、沉积物汞含量和浮游动物群落等指标;③人类利用指标,包括藻毒素指标、阿托拉津农药含量等指标;④其他类型指标,包括湖泊形态学特征、湖泊水体溶解态氮含量等。

在《野外操作技术导则》中,详细规定了采样时必需的采样表格、各种相关文件、采样装备和注意事项、每天采样时的安全和健康须知、联络通信、数据记录方式、采样方法、样品预处理方式、样品的保存运输等。在《实验室分析操作手册》中,首先对于实验室人员的责任和义务,包括实验室定期评估、实验室对比考核等在内的实验室质量控制等常规性事务做了原则性的规定,然后分别给出了藻毒素、大型底栖无脊椎动物、浮游植物、沉积物定年、沉积物中硅藻含量、农药、水化学、叶绿素 a、浮游动物、沉积物中汞含量、溶解态碳等指标的测定分析方法。在《数据质量保证方案》中,对数据质量控制目标、相关责任人员分工、数据格式和信息管理、项目实施的各个阶段数据误差分析、数据分析计划安排等都做了详细的说明。

根据《欧盟水框架指令》的要求,欧盟内所有水体要在 2015 年前达到"优良生态状态"(good status),水体生态状况的评估方法主要采用"生物质量组成"(biological quality elements)的评价方法,该方法利用浮游动物、水生植物、底栖生物和鱼类等作为评价对象,监测的水体主要包括河流、湖泊、沿海和过渡水体。2009 年,在提交给欧盟理事会的报告中显示,首次实施的流域管理计划没有实现预期目标,在欧盟境内有 60% 的河流、50% 的湖泊和 70% 的过渡水体没有达到《欧盟水框架指令》确定的优良水体目标。为了弥补欧盟各成员在水生态监测评价方面的技术不足,统一不同国家的采样方法,完善生物数据库,制定水体恢复方案,2009 年欧盟资助其 10 个国家的 25 个研究机构共同实施了"欧盟水体:综合系统评价生物状况和恢复"（WISER，Water bodies in Europe: Integrative Systems to assess Ecological status and Recovery）研究计划，该项目已经于 2012 年完成（Hering et al., 2013）。

2. 国内湖泊水生态监测与评价

2007 年太湖蓝藻水华暴发导致无锡市饮用水危机是我国湖泊监测由水量和水质等物理化学性状监测，开始关注包括藻类在内水生态监测的重要转折点。对于湖泊水量和水质调查监测，我国已有比较成熟的技术方法体系，制定了相应的具有法律效力的国家或者部门技术规程和操作规范，对于湖泊生物监测调查，近年来逐渐开始制定相应的国家或部门标准。20 世纪 80 年代太湖、巢湖、于桥水库等湖泊开始出现水体富营养化现象，为了研究的方便，金相灿和屠清瑛（1990）在参考国外富营养化研究经验的基础上组织编写了《湖泊富营养化调查规范》。随着人们对湖泊水生态问题认识的逐渐深入，在 21 世纪初组织出版了《湖泊生态调查观测与分析》（黄祥飞，2000）和《湖泊生态系统观测方法》（陈伟民等，2005），对于促进我国湖泊水生态监测工作起到了重要指导作用。近年来，随着国家对生态环境保护工作日益重视，加上生物多样性保护工作需要，环境保护部在 2014 年发布了一系列生物多样性观测技术导则，其中包括《生物多样性观测技术导则 淡水底栖大型无脊椎动物》和《生物多样性观测技术导则 内陆水域鱼类》等水生态监测内容。2015 年中国科学院南京地理与湖泊研究所在国家科技基础性工作专项"中国湖泊水量、水质、生物资源调查"和"中国湖泊沉积物底质调查"工作基础上，组织编写了《湖泊调查技术规程》，就湖泊水质、水量、生物资源、沉积物量和质量等的野外调查、数据处理、报告编写进行了详细的说明。

2007 年之前，我国湖泊生态监测工作主要集中在科研院所和高校科研活动中，由国家业务主管部门开展的生态监测很少。我国湖泊野外调查和监测台站总体偏少，缺乏必要的湖泊生态监测站网，过去累积的基础数据较少，不少湖泊的基础数据仍然处于空白状态。总体来说，我国水生态监测数据的科学性和可比性较差，观测人员和经费得不到有效保障，许多湖泊水生态监测往往是被动的应急或者临时监测，只是在出现重大生态环境问题之后才实施监测。从技术层面来看，虽然目前我国已经引入了水生态完整性的概念，但现有水生态系统和发达国家仍有一定的差距，主要存在以下几个方面不足：从指标来看，选择的常规水质评价指标仍以理化指标为主，缺乏对生物及其完整性的评价，不能综合反映水生态质量现状；从技术方法看，缺乏规范的生物监测方法和质量控制体系；从评价方法看，仍以单个指标或者某几个指标简单相加的分析为主，缺乏对水生态系统完整性的综合考虑等（张咏等，2012）。

3. 湖泊水生态监测与评价发展趋势

水生态系统状态的变化是通过若干个具体评价指标来表征的，水生态系统状态评价指标可以是表征水生态系统组分特征，也可以是表征水生态系统结构或功能特征，如何准确地评价水生态系统状态是当前的研究热点，也是不同学者争论的焦点。当前对于水生态评价指标由描述单个性质的评价指标转向描述水生态系统的综合性质，提出了"生态完整性""生态系统健康"等概念，并据此提出相应的评价方法和指标体系。最为著名的是 1981 年 Karr 提出的基于鱼类种群的生物完整性评价指数，此方法后来在美国评价水生态系统状况时得到广泛应用（Karr，1981, 1991, 1993）。在此之后，世界各地学者又发展了基于大型底栖无脊椎动物、周丛生物、藻类、浮游生物、大型水生植物等不同生物群落的生物完整性指数，其中以基于大型底栖无脊椎动物的完整性指数（B-IBI）相关研究为最多（Karr，1981, 1991; Kerans and Karr, 1994; Silow and In-Hye, 2004; Griffith et al., 2005; Astin, 2007; Vondracek et al., 2014; 张浩等，2015）。国内学者对水生态系统健康也开展了大量的研究，开始建立基于我国数据资料的生物完整性评价指数（沈韫芬和蔡庆华，2003；王备新等，2003；吴阿娜等，2005；王备新等，2006；曹艳霞等，2010；邵卫伟等，2012；殷旭旺等，2012）。

1.2.2 湖泊水生态修复效果监测方案制定和实施

开展实施水生态修复效果监测之前需要制定详细的水生态修复监测方案（Wohl et al., 2005），监测方案应包含监测实验方案设计、监测区域和点位、监测内容、监测时间和频率、野外样品采集和室内分析，质量保证和数据统计处理等。为了得到工程实施之前的水生态状态，在实施生态工程之前即需要开展水生态监测，并应持续一段时间，避免季节性、降雨等自然条件或其他偶然性因素影响，充分掌握水生态状态特征。

1. 实验设计

水生态系统修复效果评价的实验设计方法包括修复前后对照对比分析法（BACI 法，before-after control-impact）、修复前后对比分析法（BA 法，before-after）、对照区对比分析（CI 法，control-impact）、时间序列分析法和其他方法（Verdonschot et al., 2013）。采用生态修复前后的控制组和修复组系列对比（before-after control-impact paired series, BACI-PS）实验设计是生态修复过程监测的相对较优的方法（Smith et al., 1993），因为该方法能够将修复措施的效果从其他干扰因素中较好地区分开来。例如，王敏等在对天津大沽河排污河道开展原位生态修复工程效果监测分析时，分别设立对照区和修复区，并分别采集清洁水体和污染水体作为对照（王敏等，2012）；在评价贵州红枫湖植物浮岛围隔水生态修复实验示范研究时，监测了工程实施区域前后和内外的群落结构、丰度、生物量等，并进行了比较（濮培民等，2001，2012）。由于水生态系统在一定程度上受空间属性的影响较大、水生态系统受损情况具有特殊性，即使未受干扰的水生态系统在不同的空间表现出来的组成和结构也有所差异，采用空白对照和采取措施处理相比较的方法说明生态修复措施的影响会受到一定程度的限制。通过比较水生态系统的生态修复措施实施前后状态变化情况，或者没有很好的条件单独设定空白对照区时，采用 BA 法（before-after）实验设计，也是评价水生态修复效果最常用的方法之一（屠清瑛等，2004；吴芝瑛和陈鎏，2008；吴迪等，2011；May and Spears，2011；张皓等，2015）。秦伯强等在太湖北部梅梁湾开展的水源地水质净化的生态工程试验监测评价时，采用的是试验区内水质与试验区外参照点水质相比较的方法（秦伯强等，2007）。在五里湖开展的水生态修复试验研究，利用大型围隔实验，综合采用鱼类种群结构生态调控、岸边带修复、水生植物恢复、大型底栖动物放养等措施改善水生态，对比围隔实验区内外水生态状况说明水生态修复效果（Chen et al.，2009）。在竺山湾进行的大水面放养凤眼莲修复水体试验中，采用的是种养区和非种养区比较（刘国锋等，2010a）。在制订试验设计方案时需考虑到水生态监测数据的统计处理方法。水生态修复试验是在特定区域范围内针对特定目的的试验，水生态监测点位也不完全属于随机采样，因此在试验设计时需考虑获取相应的水生态数据后如何进行统计分析处理。

2. 采样区域和点位

采样区域设置应该根据水生态修复工程实施范围确定，采样点主要集中在工程实施区域内，在可能和必要的情况下在工程实施区域外也布置对照采样点。在采样区域内采样时，确定采样点数量和位置以能够代表该采样区域为宜，采样点位宜采用随机抽样方法确定，避免系统性误差过大导致评价结果不准确（Peterson et al.，1999）。采样点过多则耗费的人力、物力太大，采样点过少则不能代表采样区域的水生态状况。在保证达到必要的精度和满足统计学样品数量的前提下，布设的采样点位应尽量减少，以降低监测成本，在某些特殊地点应该尽量布点。在同时采集水质、底质、生物样品时，应尽量考虑不同监测内容采样点之间的重合性，底质和生物样品采样点可以在水样采样点基础上适当减少。

在开展水生态调查监测之前，对待采样区首先进行现场查勘，需调查和搜集待调查和监测区范围内河流、湖库的有关基础资料，主要应包括以下基本内容：①水文气象、水下地形等河流、河段和水域基本信息；②河滩地（缓冲带）随水位交替变化的宽度和面积、支流汇入与流出的水量，以及人工调控下河流、河段或水域的水文情势；③待调查区域周边工农业生产布局、土地利用、水土流失与植被分布状况；④待调查区域水生生物群落基本情况；⑤水体水深、流速、水温和沉积物分布情况等。若缺乏对待采样区域的基本了解，可以采取先密集布设采样点，然后根据已经获得的数据适当撤并采样点。

采样点位确定时需先在较大的采样范围内进行详尽的预调查，在获得足够信息的基础上应用统计技术合理确定。采样点布设需充分考虑如下因素：①湖泊水体的水动力条件；②湖泊面积及形态；③出入湖条件；④可能排污位置及其他可能影响水生态状况的因素；⑤污染物在水体中的迁移转化规律。某些湖泊形态或水质分层对水质可能有影响时，应该分地点和层次采集不同的水样。

监测采样点因监测对象不同而不同。在开展湖泊生物资源调查时，对于浮游植物、浮游动物和底栖动物，采样点的设定要根据湖泊面积和形态确定，原则上 1000km² 以上平均 100~200km² 布置 1 个采样点，500~1000km² 选点以每 100km² 为 1 个点，100~500km² 为 3~5 个点，10~100km² 至少为 2 个采样点，每个点采平行样 3 个（中国科学院南京地理与湖泊研究所，2015）。水生植物采样点位需根据其分布进行点位布设，同时需进行环湖分布调查。

3. 监测内容和评价指标

水生态修复效果监测内容取决于生态修复目标，主要内容包括水文地貌、水质、沉积物、水生生物监测、河岸带（湖滨带）调查、生物栖息地调查等。在评价某个具体的生态修复工程时不一定监测以上所有内容，应重点围绕生态修复工程可能对水生态系统造成的影响选择监测内容。

恢复或种植水生植物是当前许多湖泊水体的修复措施，透明度、水体氮磷含量、湖泊底泥含量、底泥再悬浮量、水体藻类含量、浮游动植物含量、底栖动物种群和密度等均可被用于评价水体修复效果（Xu et al., 1999；Jin et al., 2006；Jeppesen et al., 2007a）。美国 Apopka 湖采用生态修复减轻磷素负荷，采用水体透明度、总磷和叶绿素 a 含量评价生态修复工程效果（Coveney et al., 2005）。德国 Tiefwarensee 湖在采取钙铝盐化学处理方法和渔业活动管理等生态修复措施 5 年后，湖泊水体磷素浓度降低 80%，水体透明度、浮游植物生物量、叶绿素 a 浓度均相应地有所下降（Mehner et al., 2008）。在欧盟实施的生物操控水生态修复项目中，透明度和叶绿素 a 含量在开始几年下降 50%；某些浅水型湖泊由于滞留能力或者反硝化增强，水体总氮和总磷水平下降显著，在对底泥扰动较强的底层鱼类去除后的 4~6 年，修复效果开始显现（Søndergaard et al., 2007）。

北京什刹海水体修复工程试验效果监测采用的指标主要是水质、底质营养物质和水体生物（屠清瑛等，2004）。上海大莲湖湿地修复示范工程监测指标为植被群落组成、鸟类和两栖、爬行类种类生物多样性和均匀性指数、水质指标（吴迪等，2011）。中国环境科学研究院叶春等针对环太湖湖滨带生态修复工程措施，分别从湖滨带的结构、水质、底泥、水生植物、浮游动物、底栖生物、水动力等方面提出湖滨带的生态观测与跟踪研究方案（叶春和李春华，2014）。天津大沽河排污河道开展原位生态修复工程效果监测评价时，测定了水体理化指标、重金属含量以及微生物群落，进行了生物急性毒性实验（王敏等，2012）。在对河岸带进行生态修复效果评价时，李婉等选择硝态氮、铵态氮和总磷等水质指标作为主要评价因子（李婉等，2011）。利用植物浮岛在湖泊内开展围隔水生态修复实验时，比较了水体浮游植物的群落结构、丰度、生物量等（濮培民等，2001，2012）。太湖贡湖湾湖滨带生态修复实验效果评价时比较了大型底栖动物群落物种和水质状况（沈忱等，2012）。在太湖梅梁湾开展的水源地水质净化的生态工程实验研究中，基于水生植物能够净化水质、稳定水生态系统的思想，提出采取恢复有利于水生植物生长的环境条件的生态工程措施，常规水质指标、重金属浓度以及其他生物数量和生物多样性是评价生态修复措施效果的生态指标（秦伯强等，2007）。五里湖的围隔水生态修复实验采用的是总氮、总磷、透明度、浮游植物、浮游动物、水生植物等水生态指标（Chen et al.，2009）。

在评价水生态修复效果时，可以采用能够直接从野外采样过程或实验室分析得到的监测指标，也可以采用利用上述指标经过统计分析加工得到的综合性指标，包括以不同生物为对象的生物完整性指数、生态健康指数、生态能值等（Xu，1997；Norris and Hawkins，2000；Lüderitz et al.，2011；胡志新等，2005；李冰等，2014；张艳会等，2014）。

由于不同水生态修复工程的具体目标有所不同，在评价水生态修复效果时水生态监测指标有所区别。某一个单项的水生态修复措施并不一定能改善全部水生态指标，某些指标也有可能恶化。目前已有的研究均为示范工程试验研究，在进行水生态修复技术大面积推广应用，关系到投资效益评估时，需要选择合适的评价指标和方法对生态修复效果进行客观公正的独立评估，这也有利于对生态修复工程技术实施主体实行优胜劣汰，提升水生态修复整体技术水平。

4. 采样时间和频次

在进行水生态系统调查时，调查时间宜根据具体情况确定，一般情况下选择每年温度相对适宜、适于野外操作、能够代表当地全年大部分时间的水生态状况的时期采样。如美国两次全国湖泊调查时间均为7月或8月（USEPA，2012）。底栖动物采样时间一般为每个季度一次或者每半年一次，例如蔡永久等在进行太湖大型底栖动物调查时分别在每年的2月、5月、8月和11月采样（蔡永久等，2010），许浩等在调查太湖大型底栖动物时分别在冬季和夏季调查全湖116个采样点（许浩等，2015）。

不同的水生态指标随时间发生的变化规律不完全一致。例如：水质指标中溶解氧具有昼夜变化特征，营养盐浓度在丰水期特别是降雨后由于稀释作用会有所下降，浮游动植物受采样时间和天气等因素影响，水生植物群落生长情况具有明显的季节性等。有些生态工程修复效果并不能够在生态工程结束后立即显现，生态系统需要经过一定的恢复调整期才能够稳定，因此在其生态恢复过程中及稳定后均应开展监测。只有合适的采样时间和采样频率、足够的样品数量才能够保证获取的数据排除采样时间因素干扰，对生态修复效果进行正确的评价。

濮培民等在贵州红枫湖植物浮岛围隔水生态修复实验示范研究中，利用浮游生物进行评价时，采样时间分别是工程实施前的 2008 年 10 月 29 日，以及工程实施过程中的 2010 年 3 月 3 日，各采集一次样品，在工程实施过程中除实验区外，还采集了对照区样品（濮培民等，2012）。在杭州长桥溪生态修复工程评价中，比较了工程实施后的 2005 年、2006 年与工程实施前的 2003 年、2004 年水质情况，此外工程实施后的水质同时与国家水质标准比较（吴芝瑛和陈鋆，2008）。太湖水源地水质净化生态工程效果监测对比是将 2005 年下半年的水质指标与工程实施前的 2003 年下半年水质指标对比，透明度和叶绿素浓度为夏季 7～9 月共 3 个月的观测值平均（秦伯强等，2007）。五里湖的大型围隔水生态修复示范工程监测是从工程刚完工的 2004 年 5 月一直持续到 2008 年 5 月，水质监测每月进行一次，生物监测每年的 6 月或 7 月进行一次（Chen et al.，2009），浮游植物对于恢复工程的响应一般要滞后于水质改善和水生植物重建，因此水生生物监测通常需要在工程完成后持续一段时间。

5. 数据处理和统计方法

严格来说，为了准确评价水生态修复效果，经过野外现场采集和室内分析获得原始数据，需要根据实验设计进行必要的统计处理，才能得到具有统计学意义的结论。水生态系统受昼夜、季节等时间因素以及采样地点所在位置、降水、其他外界因素等因素影响，如何选用合理的采样方法去除不属于水生态系统修复变化、由外界因素导致的"噪声"，是进行数据处理需要解决的问题（Adamowski et al.，2009）。水生态监测所需时间长、投入精力大，特别是水生生物监测操作步骤较多，无法获取过多的监测数据。然而在实际操作过程中，很多文献报道中采取的是直接比较原始数据的方法，即修复区水生态指标与非修复区比较或修复区修复前后比较。例如：什刹海生态修复工程实验中对比修复工程实施前后数据总氮和总磷去除率分别达到 79% 和 91%，什刹海水质由 V 类上升为 IV 类（屠清瑛等，2004）。杭州长桥溪生态修复工程实验是通过比较工程实施前后水质浓度评价水生态修复效果（吴芝瑛和陈鋆，2008）。若生态系统修复时间较长，适宜采用长时间序列监测数据对比。例如：五里湖的围隔实验生态修复效果监测持续 5 年，采用的是比较围隔区域内外的水生态指标差异说明修复效果（Chen et al.，2009）。

1.2.3　湖泊水生态系统修复效果评价

完整的水生态系统通常认为由水体所处的物理环境如河流的水文地貌、泥沙底质、温度、水流流态等，化学组成如水体电导率、溶解氧、各种营养元素、污染物等，以及各种生物组成如浮游动植物、大型水生植物、底栖生物、鱼类等共同组成。水生态修复效果评价主要是通过监测水生态系统结构组成的变化，判断是否具备相应的使用功能来实现的。例如，以减轻水体富营养化为目标的水生态修复效果评价主要以水体营养盐浓度、藻类密度为主要监测对象，以去除水体污染物为修复目标的工程措施则以水质监测为主要监测对象，以生态多样性保护为修复目标的措施则以岸边带和水体生物物种多样性为主要监测评价指标。

水体富营养化是当前全球湖泊生态系统面临的最主要问题，水体营养盐含量过高导致含有藻毒素的蓝绿藻暴发，湖泊生态系统生物多样性降低，鱼类资源减少，饮水水源、景观娱乐功能丧失。针对水体富营养化问题，各国科学家和管理者提出了很多生态修复措施，总体来说这些措施可以分为物理、化学和生物措施。物理措施包括引水冲淡稀释营养盐浓度、清除底泥累积污染物、机械打捞蓝藻、改变水流形态等方法。化学措施包括水体喷施絮凝剂固定营养盐、覆盖底泥减少底泥污染物释放。生物措施包括放养草食性鱼类或螺蛳、蚌等滤食性动物进行生物操控、栽种水生植物恢复水体供氧能力减少底泥再悬浮、在水体中挂微生物生长膜促进微生物生长等。

1. 国外湖泊水生态系统修复效果评价

国外的水生态修复工程已经分别从水质、重金属、水生生物、栖息地质量等多个方面，利用不同的评价指数开展了修复效果的评价。Buchanan 等在工程建设实施 2 年后开始，从河道稳定性、底栖动物栖息地质量改善、减少洪水等方面比较工程实施河段与参考河段，定性分析河流生态恢复工程成功与否（Buchanan et al., 2012）。Wortley 等通过 1984～2012 年 71 种期刊上发表的 301 篇有关生态恢复评价监测效果回顾性总结评价发现，在评价生态修复效果时通常用生态系统的三种性质，包括生态系统的多样性、丰富度，植被结构和生态功能，只有不到 5% 的文献采用社会经济指标（Wortley et al., 2013）。美国国家环境保护局国家风险管理研究实验室对流向切萨皮克湾的波托马克河的一个城市流域河流生态恢复项目开展了水生态监测评价。该研究于生态工程实施前后分别在实施区的上游和下游监测了河流水质和底栖动物。结果表明，项目实施 2 年后运用底栖动物评价的河流生态指数略有改善，但是河流水质和微生物指标并没有显著改善。仅靠减少河道岸边侵蚀、稳定河床、恢复河岸带不能完全实现生态恢复目标，特别是恢复对水质敏感的生物。若要改善河流水质，仅靠某个河段的生态恢复还不够，需要在全流域对污染负荷进行有效控制。采用最佳管理模式控制暴雨径流和延迟洪峰有助于改善生态栖息地和水质（Selvakumar et al., 2010）。

2. 国内湖泊水生态系统修复效果评价

我国也有不少关于水生态修复工程的报道，但是大多数均从正面说明工程实施效果，鲜有工程实施效果不理想的报道。例如，北京什刹海水体修复工程试验（屠清瑛等，2004）、上海大莲湖湿地修复示范工程（吴迪等，2011）、天津大沽河排污河道原位生态修复工程（王敏等，2012）、北京北二环附近的转河河道和河岸进行的以河漫地和护岸改造为主的生态修复工程（李婉等，2011）、杭州西湖入湖河流长桥溪生态修复工程（吴芝瑛和陈鋆，2008）、滇池新运粮河河岸带生态修复工程（王华光等，2012）、利用植物浮岛围隔在贵州红枫湖开展的水生态修复示范工程（濮培民等，2001, 2012）等。总体来说，我国已经开展的水生态修复项目监测总量占已经实施的生态修复工程比例较低，尤其缺乏由独立的第三方开展的全面监测评价。

3. 湖泊水生态系统修复效果评价存在问题

总体来说，国内外针对水生态系统修复工程项目开展相应的水生态修复监测评价工作并没有得到完全重视，水生态修复措施实施效果没有得到全面、客观、科学、合理的评价，不利于水生态修复经验教训的总结。Bash 等对华盛顿州实施的 119 个河流生态恢复工程进行的问卷调查显示，仅有约 50%的工程项目开展项目实施效果监测评价，效果评价方法、评价技术导则、评价时间框架等具体评价技术手段缺失以及监测评价必要性、监测评价资金来源等管理性因素是影响普遍实施监测评价的主要因素（Bash and Ryan, 2002）。据 Bernhardt 等调查在美国 3.7 万条河流恢复项目中，只有 10%的项目包含 10%某种形式的监测内容，许多研究者认为所监测得到的信息不足以评价项目实施成功与否（Bernhardt et al., 2005）。在欧盟已经实施的生态恢复项目中，缺少野外监测数据是影响水生态恢复工程评价的重要因素。大多数生态恢复工程是在较短时间内和较小尺度上实施的，生物并不一定都能够对恢复过程有明确的反应，生态系统恢复效果滞后具有很大的变数，大多数恢复项目包括非生物因子条件的恢复，但是不包括极端条件和生物过程（Verdonschot et al., 2013）。《欧盟水框架指令》水生态恢复项目监测得到的数据主要针对小尺度下的单个河湖生态系统，缺乏流域数据。Verdonschot 等总结《欧盟水框架指令》实施的水生态恢复工程监测评价相对薄弱的原因时，提出可能包括的主要原因有：①大多数项目在制定恢复方案时就没有包含监测内容，这可能与没有强制要求有关；②即使有恢复工程项目开展生态监测，采样的方法和持续的时间通常较短，甚至短于生态恢复效果显现滞后期；③大多数水管理部门不注意长期的或者整个生态系统过程，而是看重短期效果，对长期评价没有兴趣；④科研人员对生态恢复过程的研究重视程度不够（Verdonschot et al., 2013）。

1.3　引水工程水生态影响评估研究进展

1.3.1　国内外富营养化湖泊引水工程

引水工程的先例可以追溯到公元前 2400 年的尼罗河引水灌溉工程（沈佩君等，1995），该工程有效促进了古埃及文明的发展与繁荣。我国公元前 486 年修建的邗沟工程，成功地将长江水引入淮河水系；公元前 256 年修建的都江堰引水工程，确保了成都平原的农业生产，使其成为旱涝保收的"天府之国"；公元前 214年建成的灵渠工程（沟通了长江水系和珠江水系），虽然建设的初衷是服务于军事目的，但是对于沿渠两岸的农业发展也起到了非常大的促进作用。公元 1293 年全线贯通的京杭大运河成功沟通了海河—黄河—淮河—长江—钱塘江五大水系，为沿线漕运及农业发展提供了基础支撑，并为后来苏北地区"江水北调"以及现在的"南水北调"东线工程奠定了良好的基础（吕学研，2013）。

进入 20 世纪，由于人口和社会需求急速增加，以美国、苏联、澳大利亚、巴基斯坦、印度及中国等为代表的国家，都通过跨流（区）域的调水来重新分配水资源，以缓解缺水地区经济发展的用水需求，促进社会经济发展，满足社会需求（杨立信，2003；司春棣，2007）。随着湖泊生态与环境问题的日益凸显，引水调控工程对受水湖泊的生态与环境效应也逐渐受到关注。

引水工程的富营养化湖泊生态与环境效应研究始于 20 世纪 60 年代（表 1-1），中国和美国对小型富营养化湖泊均开展了相关研究。美国 Green 湖的引水工程显著降低了该湖的营养盐浓度水平和浮游植物含量，从而降低了湖泊水体的初级生产力水平，明显改善了湖体的富营养化状况（Oglebsy，1969）。中国城市湖泊玄武湖在 20 世纪 60 年代就已凸显出富营养化问题，水体流动性差，通过引入下关电厂冷却水对玄武湖进行换水，有效地增加了水体的流动性和溶解氧水平（张丹宁，1995）。

随着人类活动加剧，全球湖泊富营养化问题日益突出，从 20 世纪 70 年代开始有关引水调控改善湖泊富营养化问题的研究也逐渐增多。Welch 等（1992）发现，调入低营养盐水稀释和控制污水排放后，华盛顿州 Moses 湖的营养水平由重度富营养化转变成轻度富营养化，总磷（total phosphorus，TP）和叶绿素 a（chlorophyll a，Chl a）浓度降低了 70%以上，水体透明度也比预期增加很多，水体交换率也得到了大幅度提升。Hu 等（2008）认为，2002 年冬春和 2003 年夏秋进行的"引江济太"调水试验均可显著降低水体的浮游植物密度和总氮（total nitrogen，

TN）浓度，对部分水域的溶解氧（dissolved oxygen，DO）也有改善作用。

表 1-1 国内外富营养化湖泊引水调控效果

年代	湖泊	调控效果	参考文献
20 世纪 60 年代	Green 湖	营养水平、浮游植物生物量以及初级生产力降低	Oglesby, 1969
	玄武湖	水体复氧，流动性增强	张丹宁, 1995
20 世纪 70～90 年代	Moses 湖	重度富营养变为轻度富营养	Welch and Patmont, 1980; Welch et al., 1992
	Veluwemeer 湖	TP 含量降低，藻类群落结构改变	Hosper and Meyer, 1986; Jagtman et al., 1992
	西湖	局部水域水质改善	马玖兰, 1996; 虞左明等, 1997; 吴洁等, 1999
近 15 年	Tega 湖	藻类群落结构改变	Amano et al., 2010
	太湖	换水周期缩短，局部湖区水质改善，蓝藻生物量下降	Hu et al., 2008; Zhai et al., 2010; Li et al., 2011, 2013
	巢湖	湖区总体氮磷浓度降低	陈昌才等, 2011; 田丰等, 2012
	滇池	降低氮磷与有机物浓度	陈云进, 2009; 李发荣等, 2014
	其他中小型湖泊	—	金阿枫, 2006; 王小雨, 2008; 周进等, 2011; 刘文杰等, 2012; 张浩和户超, 2012; 赵世新等, 2012; 郑奇和王珊珠, 2013

引水工程在降低水体营养盐水平和浮游植物含量的同时，还能改变水体浮游生物的群落结构。荷兰 Veluwemeer 湖的引水试验表明，引水可以降低水体 TP 的含量，从而改变湖体浮游植物的群落结构，使藻类优势种由绿藻单一优势向绿藻-硅藻复合优势转变（Hosper and Meyer，1986）。王小雨（2008）的研究表明，引水可降低小型城市湖泊水体的营养盐浓度和重铬酸盐指数（COD_{Cr}），浮游藻类的多样性增加，枝角类和桡足类大型浮游动物所占的比例也上升，水生态环境得到明显改善。日本 Tega 湖的藻类优势种在引水工程实施后，也由铜绿微囊藻（蓝藻）向小环藻（硅藻）转变（Amano et al.，2010）。

上述研究主要关注引水调控对小型富营养化湖泊生态和环境的改善作用，近些年来，随着太湖、巢湖以及滇池等大型富营养化湖泊蓝藻水华暴发所引发的饮用水与生态危机日益严重，针对大型富营养化湖泊的引水调控工程受到有关部门的重视（Hu et al.，2008；Zhai et al.，2010；Li et al.，2011，2013；陈云进，2009；陈昌才等，2011；田丰等，2012；李发荣等，2014），已成为缓解蓝藻水华灾害的重要工程措施。而不同于小型湖泊，大型富营养化湖泊的引水调控工程对湖泊生态与环境的改善效果受到多方面因素的影响和制约,短期内难以获得理想的结果,引水调控工程往往需常态化运行。因此,引水工程对大型富营养化湖泊水文水动力、物理化学环境以及生物的影响需进行长期的动态跟踪研究。

1.3.2　引水工程对湖泊水文水动力条件的影响

1. 引水对湖泊换水周期影响的评估

一般说来,天然湖泊水体的生态环境要素主要包括三个方面:水文环境、物理化学环境和生物群落(Wetzel,2001),而引水调控工程对湖泊生态环境的影响也主要体现在这三方面。湖泊的换水周期是关乎其富营养化状态的一个重要水文因素(Li et al.,2011)。一般而言,大型浅水富营养化湖泊受制于湖泊地形、湖盆构造、水面面积、交换水量和气候(例如季节、降雨和风浪)等因素,换水周期相对于小型湖泊较长,如太湖和巢湖的换水周期分别为309天和168天(肖清芳,1998;殷福才和张之源,2003)。且受到出入河网堤坝和泵闸的间歇性阻滞作用(王苏民等,2009),局部湖区或部分季节的换水活动缺乏持续性,甚至停滞,增加了蓝藻堆积和水华暴发的风险(Li et al.,2013)。利用引水工程引入外源客水的水量和流动性,主动缩短湖泊的换水周期,加强局部滞流湖区及夏秋季节的引流频次和水量,被认为是引水能够快速缓解蓝藻水华暴发危机,减轻水华灾害的重要原因 (Li et al.,2011,2013)。Li 等(2011,2013)通过环境流体动力学模型(environmental fluid dynamics code,EFDC)计算了引江济太不同引排水方案对太湖换水周期的影响,指出梅梁湾新增的泵站可有效增强引江济太的效果。夏季东南风影响下,当望虞河引水入湖流量为 $120m^3/s$,梅梁湾泵站出湖流量为 $15\sim20m^3/s$ 时对太湖梅梁湾换水周期的改善效果最佳,可有效缩短24.32%梅梁湾原有的换水周期,显著提升引江济太对夏季梅梁湾水华灾害的防御能力。

2. 引水对湖泊水动力影响的评估

作为水体中物质输送、迁移和扩散的主要驱动力(Wetzel,2001),水动力扰动对湖泊生态系统的演变起着重要作用(Scheffer et al.,2001;Scheffer and van Nes,2007)。加之水浅、植被脆弱、环境要素与生态结构空间高度分异等特点,湖泊物质和能量的迁移、转化过程对水动力扰动显得极为敏感(Talling,2001;秦伯强,2009)。在大型富营养化湖泊中,除了风力主导的波浪和湖流外,引水调控过程也会显著改变局部受水湖区的湖流特征,促进整个湖泊水体的循环(Hu et al.,2008;Li et al.,2011,2013)。相比于风生流,引水引起的湖泊水动力扰动受引水流量和时长的制约,主要影响湖泊水位(Hu et al.,2008;陈文江等,2012;华祖林等,2008)、换水周期(Li et al.,2011)和湖流流场条件(Hu et al.,2008;

Li et al.，2013），进而使得水体中营养盐、悬浮物、颗粒物等物质的扩散和分布特征发生变化（Hu et al.，2008；秦伯强等，2000）。通常，在引水调控工程的影响下，湖泊部分水域水体的水动力学过程会受到来水动力的干扰而发生改变，这种水动力学过程的改变是风场和来水流量共同作用的效果，能够促进湖泊水体的循环，缩短水龄，改善水质（Li et al.，2011；郝文彬等，2012）。

3. 引水影响湖泊水动力的研究手段

目前获取湖泊湖流特征的监测方法是采用定点、高频的野外原位观测，通过水文站实时获取站点附近的湖泊水位、流速等资料。也有通过对示踪物的监测从而反映湖流特征，例如：有学者以微囊藻群体叶绿素 a 浓度为指标，定点调查、观测了太湖局部湖区微囊藻颗粒的水平和垂直分布特征，从而探讨了风浪对湖泊水动力条件与悬浮物质输移规律的影响（Cao et al.，2006；Wu and Kong，2009；Wu et al.，2010）。但由于监测经费、监测手段以及时间的限制，野外原位观测工作大多只是短期的，所积累的零星资料也缺乏系统性和可比性。而利用模型进行数值试验也是获得湖泊水动力和水质特征的一条有效途径（李一平等，2008；秦伯强，2009）。近年来，基于能量守恒原理而构建的三维水动力数值模型开始被大量应用于模拟计算湖泊的水动力特征（Hu et al.，2008；Luo et al.，2004），以及引水工程影响下受水湖区的湖流特征（Hu et al.，2008；Li et al.，2011，2013）。因此，野外原位观测与模型数值试验相结合的手段为研究引水调控工程对受水湖泊水文水动力学特征的影响提供了可能。

1.3.3　引水工程对湖泊物理化学要素的影响

1. 引水对溶解氧和 pH 影响的评估

以改善水质为目标的引水调控工程必然也会影响受水湖泊的物理、化学环境。一方面，引水工程通过引入相对清洁的流动水体，促进湖泊水体复氧，稀释、降解污染物，可快速改善水质。20 世纪 60 年代，玄武湖引下关电厂冷却水有效地改善了湖体的流动性，增加了水体的溶解氧水平（张丹宁，1995）。另一方面，引水对湖泊水体的酸碱度也有显著的影响，通常由于外源河水较低的 pH，引水过程会降低局部受水湖区的 pH，引江济太工程和引江济巢工程所引长江水的 pH 均低于湖水（安国庆等，2009）。湖水 pH 是控制沉积物磷循环和湖泊富营养化的重要因素，湖水 pH 的降低可减少沉积物磷的释放（莫美仙等，2007），从而减轻湖泊沉积物营养盐的内源释放。研究发现（Andersson et al.，1978），富营养化湖泊水体的 pH 通常高于 8.5，且随着夏季蓝藻水华的暴发会有所增高，而较高 pH 水环境更利于微囊藻种属的生长和增殖（陈建中等，2010）。因此，通过引水调控改善受水湖泊 pH 环境也是抑制蓝藻水华频繁发生的一种机制。

2. 引水对营养盐含量影响的评估

引水调控最直接的目的是要减少湖区污染物，降低湖泊营养水平，缓解富营养化造成的蓝藻水华灾害。在流域河流水质条件优于湖泊水体的前提下，引水调控工程可以快速有效地改善湖泊水质。荷兰 Veluwemeer 湖的调水试验显著降低了湖泊水体 TP 含量，对改变湖泊浮游藻类的群落结构起到了积极的作用（Hosper and Meyer，1986）。我国引江济太、引江济巢以及牛栏江—滇池补水工程均在一定程度上改善了湖泊或局部湖区的水环境质量，有效降低了湖体的氮磷浓度水平。例如，牛栏江水体多年平均 TP 和 TN 含量分别为 0.055 mg/L 和 0.76 mg/L，补水后有效地降低了滇池外海入湖污染物的滞湖比例，TP 和 TN 的滞湖比例分别降低为补水前的 71.2%和 75.6%（徐天宝等，2013）。引江济巢工程调水试验过程中，巢湖西半湖的营养盐负荷有明显增加，但引水过程中巢湖东半湖的总氮和有机物浓度显著降低，总体上来说引江济巢工程能够改善巢湖尤其是东半湖的水环境（陈昌才等，2011）。同样，引水期间引江济太工程望虞河主河道水体氮磷浓度高于太湖东部与湖心水域，但要低于太湖北部梅梁湾和竺山湾以及西部湖区，引江济太在缩短太湖换水周期的同时，也可对北部湖湾的水质改善起到积极作用（马倩等，2014）。

引水调控在快速改善湖泊总体水环境的同时，来水所携带的营养盐等污染物质也会直接进入湖泊水体，可能会增加湖泊部分污染物的承载负荷。例如，引江济太所引的长江水体中的 TN、TP 含量要高于太湖水体平均水平，输入湖体后营养盐可能会累积于局部湖区，加重太湖局部湖区的富营养化程度（翟淑华和郭孟朴，1996；沈爱春，2002）。2009 年的引江济巢调水试验，由于长江及入湖支流水体 TN、TP 含量高于湖体，造成巢湖湖体氮、磷含量分别增加了 619.0t 和 77.6t（陈昌才等，2011）。Hu 等（2008）通过 EcoTaihu 模型对引江济太工程的湖泊水质效应进行了模拟，结果表明引水对太湖 TP 的改善效果不显著。相反，由于引水造成了氮磷的净输入，可能会导致太湖发生更严重的蓝藻水华，从而认为引江济太工程只能作为控制水华的应急措施。Hu 等（2010）也认为，引江济太工程对太湖局部湖区生态环境的改善作用明显，对整个湖区短期内的水质改善效果难以令人满意。污染物负荷的增加会加剧湖泊富营养化程度，同时外源污染物输入湖体后，其不同形态间的转化，也可能导致生物可利用氮、磷浓度的增加，有助长蓝藻水华暴发风险的可能。

3. 引水对有机物污染影响的评估

针对湖泊富营养化的工程修复措施多样，利用水利工程，调引湖泊周边客水，引清释污被认为是快速有效改善湖泊水质、缓解蓝藻水华及其衍生灾害的重要手段（Hu et al.，2008；谢兴勇等，2008；Amano et al.，2010）。从 20 世纪 60 年代起，引水工程在美国的 Green 湖、Moses 湖、荷兰的 Veluwemeer 湖、日本的 Tega 湖以及我国玄武湖、西湖、太湖等湖泊的水质改善和富营养化控制过程中起着重要作用。这些研究报道大多关注引水对湖泊水体氮磷营养盐浓度的改善，而对湖泊水体有机污染物影响的研究鲜有涉及（吴洁等，1999；Hu et al.，2008；Amano et al.，2010；Zhai et al.，2010）。湖泊有机污染物主要来自城市污水以及工业有机废水等外源输入，污染物种类繁多，如酚类化合物、苯胺类有机物等（宋慧婷，2007）。除外源输入外，湖泊蓝藻水华堆积也会加重局部水域的藻毒素有机污染，而形成的"湖泛"也主要属于有机物污染（戴玄吏等，2010）。湖泊水质改善与有机污染物浓度的降低密切相关，高锰酸盐指数（COD_{Mn}）与总有机碳（TOC）含量是衡量水体有机污染物含量的综合性指标，可反映湖泊有机污染的程度（汤峰和钱益群，2001；李灵芝等，2002）。

有机物污染治理是改善和修复富营养化湖泊水环境的重要环节，引水调控工程所引的相对清洁的河水能有效削减湖泊有机物污染负荷。有机物污染通常由COD、TOC 以及 Chl a 等指标表征，而引水过程中河水中三种有机污染指标的浓度通常低于富营养化湖区。国内外大多数引水工程都能有效去除湖泊水体中的有机物污染，如美国的 Moses 湖（Welch et al.，1992），中国的太湖（姜宇，2013）、巢湖（陈昌才等，2011）以及某些中小湖泊（王小雨，2008）。引水调控引起的湖泊有机污染物浓度的下降一方面体现在湖泊 Chl a 密度的降低，另一方面有机污染物浓度的降低能够减少对湖体溶解氧的消耗。尽管引水过程会增加受水湖泊部分营养盐的负荷，但湖泊有机污染物浓度的降低无疑更有利于藻型湖泊水质的改善，预防湖泊发生诸如"湖泛"等的水体黑臭现象。

4. 引水对湖泊生态系统健康影响的评估

此外，引水调控工程还会影响到与湖泊水化学要素密切相关的湖泊生态系统的健康指数（Jørgensen，1995；Zhai et al.，2010），使湖泊生态系统呈现出不稳定的态势（Zhai et al.，2010）。Zhai 等（2010）通过基于生态能质理论的指标评估了引江济太工程长期的引水活动对太湖不同湖区生态健康和稳定性的影响，指出"引江济太"的第一阶段（2002～2004 年），5 月份和 8 月份对太湖生态系统健康的影响效果比 11 月份和 2 月份好，而第二阶段（2005～2007 年），在东太湖湖湾和东部浅水区域则出现了相反的状况。对于长期运行的引水调控工程，高浓度污染物的输入和积累对湖泊生态系统稳定性的影响具有长期效应，值得关注，尤其是对湖泊营养状态的影响。

1.3.4　引水工程对湖泊生物的影响

湖泊生态系统中拥有丰富的生物资源，主要包括浮游生物、底栖生物、水生植物和鱼类等。作为湖泊生态系统食物网的主要组成部分，湖泊生物对维持湖泊生态系统的生产力和物质能量流通具有重要意义。湖泊生物对环境条件的改变也具有敏感性（Wetzel，2001），水文和物理、化学环境条件的变化可能会影响到湖泊生态系统中生物群落结构的演替规律（Tsai et al.，2011）。在富营养化湖泊中，对引水调控工程的生物效应关注较多的是引水对浮游动植物和底栖生物量和群落结构的影响（虞左明等，1997；魏印心等，2001；金阿枫，2006；李共国等，2007；王小雨，2008；White et al.，2009；Amano et al.，2010；姜宇，2013），主要是对外来物种的输入和优势种的更替等方面的研究，并借此评估引水调控工程对湖泊生物环境的影响。

由于外源物种的输入，引水调控工程对受水湖泊生物群落的细胞密度、多样性以及群落结构等均有不同程度的影响。钱塘江引水入西湖小南湖，由于外源物种的引入，使得小南湖底栖动物群落密度降低，生物量增加，软体动物取代寡毛类成为优势物种，摄食藻类的软体动物在一定程度上抑制了浮游藻类的大量增殖，对改善小南湖水生态环境有益（虞左明等，1997）。同样，由于外源物种的输入，日本 Tega 湖的优势浮游藻类由引水前的铜绿微囊藻（蓝藻）转变为小环藻（硅藻）（Amano et al.，2010），表明引水活动取得了良好的生态改善效果。姜宇（2013）研究了引江济太对太湖北部水源地浮游藻类群落的影响，发现 2007~2012 年，太湖贡湖湾浮游藻类的多样性和均匀度指数呈上升趋势，蓝藻、绿藻、硅藻三大门类藻的优势度呈逐年下降趋势，而裸藻、甲藻、金藻等非优势藻的优势度则呈逐年上升趋势，这与长江来水外源浮游藻类中非三大优势藻的相对比例高于太湖有关。

浮游藻类是浮游于水体中的小型藻类植物，处于水生态系统食物网底端，属水生态系统中的初级生产者，可对水生态系统中的其他生物以及环境产生影响，在河流与湖泊的物质转化与能量流通过程中发挥着至关重要的生态功能（Benndorf et al.，2002；江源等，2013；董静，2014）。受人类活动与气候变化影响，湖泊富营养化诱致的蓝藻水华暴发就是浮游藻类中蓝藻过度增殖的现象，继而造成了诸如水质恶化、浮游藻类群落结构失衡以及湖泊生态健康受损等一系列生态环境问题。生物物种的外源输入对受水湖泊浮游藻类的群落稳定性有重要影响（White et al.，2009；金阿枫，2006）。浮游动物是淡水生态系统中的重要组成部分（Elser and Hassett，1994），经典的生物操纵理论认为，部分浮游动物，如后生浮游动物，可通过摄食浮游藻类，减少浮游藻类的生物量（Burns，1998）。但也有研究认为后生浮游动物的选择性摄食作用也会在一定程度上助长微囊藻水华的形成（Burkert et al.，2001）。同样，外源浮游藻类的输入也会加剧受水湖泊浮游藻类的种间竞争，例如引江济太工程将长江中大量的硅藻种群引入太湖，短期内改变了望虞河入湖口浮游藻类的群落组成（吕学研，2013）。在引水改变湖泊环境的条件下，外源浮游藻类能够适应湖泊环境，对以蓝藻为主的湖泊藻类群落造成冲击。此外，客水中细菌、病毒等微生物的输入，对浮游藻类的生长、消亡以及藻类残体的分解都有重要作用（Grossart，2010）。

1.3.5 引水工程对湖泊水环境与生态影响的评估方法

引水调控工程湖泊水环境与生态影响的评估是搭建引水工程与湖泊生态系统之间关系的关键，湖泊生态系统的健康、安全与发展受到诸多因素影响，如何表征引水调控工程对湖泊生态系统的作用关乎能否准确认识引水调控工程的湖泊水环境与生态效应。目前，引水调控工程的湖泊水环境与生态影响的评估方法主要分为三种：单因子指标法、综合指数法与数值模型法。

1. 单因子指标法

单因子指标法是采用代表湖泊物理化学与生物环境特征的可直接监测的指标，表征湖泊受引水调控工程的影响。主要是通过对比引水前和引水期间各监测指标差异的显著性，从而选取显著性的监测指标作为湖泊对引水调控工程响应的敏感性指标。单因子指标法基于监测指标，可从不同角度直观反映出湖泊受引水调控的影响程度，如引水活动可提升湖区溶解氧水平等。

引水活动对湖泊水动力学特性有重要的影响，也是引水改善湖泊水环境与生态的主要机制之一。引水可通过引入外源客水，加快湖泊水体循环，缩短湖泊换水周期。Li 等（2011）模拟"引江济太"期间太湖水龄（water age）的变化及分布后指出，引江济太工程通过望虞河调水可明显缩短贡湖湾、湖心区和东部浅水区的换水周期，对湖区水质有明显的改善效果，换水周期已成为反映引水能否快速改善湖泊水环境的重要水文指标。与之相似，引水调控工程对湖泊的水位和流场也可能有一定的影响。此前的研究表明（吕学研，2013），引江济太工程引水期间贡湖湾的流场发生了改变，东南向风作用下，引水减弱了贡湖湾内的环流，使得湖湾水流流向贡湖湾西岸湾口，这种湖流流场的改变是引水水流与风生流共同作用的结果。陈文江等（2012）通过相关分析方法分析了 1996～2010 年巢湖的鱼产量和水位流量资料，指出巢湖鱼产量在一定水位范围内随着水位的升高而增加，在枯水期湖水位成为制约鱼类生长的主要因子；鱼类产量与湖水位的变幅成反比，相对稳定的水位，有利于维系稳定的水生环境和滩地，从而有利于鱼类的生长与繁殖；当枯水期水位较低时，较大的水位变幅则可能使水生动植物失去生存的空间而被淘汰，因此在枯水期进行必要的人工调水，有利于改善生态环境和鱼类等水生动植物的生长。

水质指标作为表征湖泊水环境质量的基础参数，通常被直接用来评估引水调控工程对湖泊水环境的影响。引水调控工程的首要目的是改善湖泊水环境，因此对湖泊水质的影响也最为直接。大量研究表明，关于引水调控工程对受水湖泊水质的影响，学者们多关注引水对湖泊氮、磷和有机物含量的改善。陈静（2005）认为引江济太工程湖泊水体水质评价指标体系需有代表性，也应有关键性。结合2002～2003 年引江济太调水试验工程的经验，太湖流域水体的 DO、pH、生化需氧量（BOD）等指标浓度基本符合要求，但关键性水质指标 TP 和有机污染指标 COD_{Mn} 浓度较差，且对太湖水体水质影响较大，故其选择 TP 和 COD_{Mn} 作为该两年调水试验工程湖泊水质改善效果的评价指标。同样，马倩等（2014）也采用 TN 和 TP 含量作为主要水质评估指标评价望虞河引水入湖对太湖西部与北部湖区水环境的改善效果。

此外，受水湖泊生物的种群密度也是常用的评估指标，包括浮游动植物以及底栖生物的数量与生物量。富营养化湖泊蓝藻密度是反映引水调控工程对湖泊水生态改善的直接指标，而部分藻类摄食性浮游动物数量的增加也能够体现引水工程对湖泊水生态的间接改善作用。底栖动物群落通常用来表征湖泊水生态健康，其数量与生物量的改变也被视为引水对湖泊生态影响的重要指标。

2. 综合指数法

综合指数法是综合反映引水调控工程对受水湖泊水环境或水生态影响的方法。该方法基于由多种单因子监测指标计算而来的综合指数，相较于单因子指标法，综合指数法有效地避免了单因子指标法中不同因子所反映的湖泊水生态环境变化不一致的问题，通过设置不同因子的权重，综合得出引水调控工程的湖泊生态环境效应。综合指数法已广泛应用于引水工程水环境和水生态效应的评估研究中，且多关注对受水湖泊在营养水平、重金属污染以及生物多样性等方面的评估。

1）水质评价指数

陈静（2005）对比了两种水质评价数学模式，幂指数连乘式和指数算术叠加式，考虑到前者以环境影响曲线为根据，不太适用于分级标准，故采用水质评价指数（WQI）作为 2002～2003 年引江济太调水对太湖水质影响的数学评价模式，通过筛选对引江济太最为敏感的湖泊两指标——TP 与 COD_{Mn}，在两指标不赋权重的前提下得出了 WQI 指数，用以指导引江济太调水的水质评估。但陈静（2005）也指出，应用水质评价指数在对太湖流域某些水体进行评价时有失真的可能，单项指标浓度若远低于Ⅴ类水标准时，如果按照Ⅴ类水来评定此水质指标时，就无法区别该水体水质的真实性。因而针对上述问题，可将该指标单独进行研究，其余水质指标仍然进行水质评价指数分析。

2）综合污染指数

综合污染指数（P）是基于水体多种污染物实测浓度与相应污染物评价标准值比值的水质评估指数。张浩与户超（2012）采用该指数评估了引黄调水对衡水湖水质的影响，结合 Mann-Kendall 检验对衡水湖综合污染指数进行趋势分析，发现引黄调水在一定程度上改善了衡水湖的水质。孙亚乔等（2014）通过渭河原水和客水的混合稀释实验，对调水后受水区水体重金属含量的变化规律进行了模拟。重金属污染程度采用内梅罗综合污染指数进行表征，结果发现，受混合稀释作用的影响，混合水的重金属内梅罗综合污染指数平均降低幅度达到 60%左右，重金属污染程度明显降低。

3）富营养化指数

湖泊富营养化是由于营养物质在水体中积蓄过多，造成水体生产力从较低的贫营养状态逐步向生产力较高的富营养状态过渡的一种现象。根据湖泊水体中 Chl a、TN、TP、透明度与 COD_{Mn} 间的相关关系，确立营养状态指数的分级指标，从而可用以综合各参数的营养状态指数（TSI）评价结果来判断湖泊的营养状态，该法以 Chl a 的状态指数 TSI（Chl a）为基准，再选择 TP、TN、透明度和 COD_{Mn} 的营养状态指数，同 TSI（Chl a）进行加权综合，结果与湖泊营养状态分级标准值进行比对，从而确定湖泊的营养状态等级。胡兰群（2013）采用营养状态指数法和单因子评价法对南水北调中线水源区丹江口水库进行营养状态评价。结果表明，2012 年南水北调中线水源区 Chl a 质量浓度为 0.003 mg/L，营养状态指数 TSI（Chl a）为 41.35；丰水期营养状态指数最高（45.3），枯水期和平水期相近；单项指标中总氮超标，已达中富营养状态。

4）生态能质目标函数

生态能质目标函数是 Jørgensen（1995）在系统生态学能质概念基础上构建的目标函数，包括生态能质（eco-exergy, Ex）、结构生态能质（structural eco-exergy, Exst）和生态缓冲容量（ecological buffer capacity, β，一般情况为浮游植物对总磷的缓冲容量）。生态能质目标函数已被广泛应用于湖泊生态健康评价中（Jørgensen，1992；Xu, 1996；Xu et al.，2011；胡志新等，2005；Gurkan et al.，2006）。Zhai 等（2010）首次使用生态能质目标函数评估了引江济太工程在 2002～2007 年对太湖生态系统健康的影响，指出引江济太 2002～2007 年的引水活动对于太湖大部分湖区的生态健康有正面效应，但部分湖区如梅梁湾的响应并不敏感。与此同时，2005～2007 年引水也使得东太湖与胥口湾水域的生态系统呈现不稳定状态。

5）生物多样性指数

一般认为，当水体受到污染后，生物群落往往出现种类减少而某些耐污性强的种类数量增加的趋势。根据这一特征，Shannon 提出了评价水体污染的生物多样性指数。生物多样性指数用数字表示群落内种属种类的多样程度，是用于判断群落或生态系统稳定性的综合性指标，也是衡量一定区域生物资源丰度程度的一个客观指标，常作为描述群落演替方向、速度和稳定程度的指标。一般而言，稳定的生物群落具有较高的多样性和均匀度。常见的多样性指数有 Margalef、Shannon-Wiener、Simpson、Pielou 等指数，其中最为常用的为前两个指数。生物多样性指数已被广泛用于评估引水调控工程对湖泊生物群落的影响。例如，姜宇（2013）对 2007～2012 年太湖贡湖湾浮游藻类群落的 Shannon-Wiener 多样性指数与 Pielou 均匀度指数进行了计算，并依据浮游藻类多样性指数与水环境状况之间的分级标准，得出了贡湖湾水环境状况为轻度污染，引江济太调水后，贡湖湾水体的浮游藻类多样性和均匀度均呈上升趋势。

3. 数值模型法

上述两种方法均基于水质与生物的监测数据，由于监测耗时费力，难以获取长期的监测数据。同时，监测数据的质量也取决于监测点位的数量和分布。而借助于数学模型计算预测引水活动对受水湖泊的水文水动力、水质以及生物参数的影响可弥补监测评估在时空方面的缺陷，能够反映引水工程对湖泊影响的过程。

1）水量水质模型

赵琰鑫等（2012）在研究长江-东湖水利调度方案时，通过嵌套耦合求解的方式实现一维港渠河道水动力水质模型和二维湖泊水动力水质模型的耦合，建立了一、二维湖泊河网水动力水质耦合模型，研究结果表明，水利调度使下东湖主要湖区水体 COD_{Mn} 和 TN 指标得以明显改善，引江济东水利调度可以作为东湖水体修复的重要思路。王水等（2014）以望虞河引清调水实践为背景，利用引水调水现状及实测数据，建立了适合太湖的二维水量水质数学模型，借助该模型模拟计算调水前后湖体各项水质因子浓度的空间变化规律。结果表明引江济太工程对改善太湖局部湖区水质、保障太湖供水安全具有重要意义，可为其他类似水域的水污染治理提供科学参考和依据。马尔可夫水质模型可用于计算水质变化进步度，张又等（2013）通过计算望虞河调水试验中调水区水质改善状况的总进步度，以及 5 个断面的水质变化进步度，分析得出了江河湖连通条件下调水区水体污染指标质量改善的规律。

2）生态系统动力学模型

为评估引江济太对太湖贡湖湾的水环境效应，李大勇等（2011）以生态系统动力学模型 CAEDYM 为建模框架，紧密结合太湖生态系统结构与功能特点，以河道流量及其物质含量、风场、太阳辐射等为外部函数，以藻类生消及其相关营养盐变化过程为建模核心，建立考虑内源释放的各种形态氮、磷输移与转化的太湖整体三维藻类动力学模型。田丰等（2012）也建立了巢湖 CAEDYM 生态动力学模型，用以评估调水对巢湖浮游植物群落演替模式的影响。

EFDC 模型是环境流体动力学模型，近年来被广泛用于湖泊一维、二维和三维流场、物质输运（包括温度、盐度和泥沙的输运）、生态过程以及淡水入流等的模拟。郭鹏程等（2013）以石家庄市正定湖为例，基于 EFDC 水环境数学模型，分析了不同调水方案下湖区示踪粒子追踪模拟情况，根据示踪粒子追踪模拟结果，确定了湖区最优调水规模，并探明了湖区潜在的重污染区域和富营养化高发区。卢慧等（2013）采用 EFDC 模拟软件对石家庄市正定湖 6 种设计方案条件下的湖泊流场进行了模拟计算，在不同调水方案下对正定湖水龄和颗粒物进行追踪模拟，预测了正定湖水质变化规律。Li 等（2013）通过 EFDC 模型模拟计算了引江济太不同引排水方案对太湖换水周期的影响，指出梅梁湾新增的泵站可有效增强引江济太改善水环境的效果。

1.4 清淤工程对水生态修复效果评估研究进展

1.4.1 生态清淤工程实施关键技术

生态清淤是通过机械的方法将沉积于水体底部的污染物去除，污染物包括富含营养物质的软状沉积物（淤泥）和半悬浮的絮状物（藻类残骸和休眠状活体藻类等）。生态清淤是以生态修复为目的，最大限度地清除底泥污染物、减少湖泛的发生可能。生态清淤多是水下作业，涉及的技术环节较多，工艺复杂。由于大规模的工程应用起步较晚，诸多技术问题尚未形成统一的技术规范，部分仍然处于探索研究阶段。

1. 底泥调查和清淤范围确定

在实施生态清淤工程之前，需要制定严格的清淤方案，首先要调查待清淤区域的底泥分布情况，掌握污染底泥的沉积特征、分布规律、理化性质。底泥调查目的是通过对待清淤区域及其周边区域环境特征的综合调查和诊断分析，以掌握水质、水生态、底泥及其污染情况，分析底泥淤积量及分布、污染特征及空间沉积规律，为确定疏浚位置、范围、深度及清淤方式，制定底泥生态清淤方案提供依据。

底泥调查包括以下 3 方面技术：①水下地形测量。水下地形测量包括地形定位和水深测量两大部分。②底泥勘测和淤积量计算。底泥淤积量测定主要有两种方式，一种是手工测量，另外一种是仪器测量。手工测量淤泥深度的方法包括：钻孔取样法、静力触探法、测杆法、柱状采样器法等。手工测量方法工作强度大、工作效率低，系统误差和偶然性误差大，定位和测深无法同时进行。仪器测量淤泥深度方法主要包括多普勒双频超声波测量法、放射线探测法、声波淤泥密度探测法等。淤泥土方量计算与普通的土方量计算并无多大区别，根据外业所采集的包含平面 XY 数据和淤泥厚度或淤泥上下表面高程 Z 数据的文件，由软件计算得出淤泥量。③底泥污染状况调查。通过在待调查的区域均匀或非均匀布设底泥污染调查的监测点，采集表层或柱状底泥样品。底泥污染状况调查监测项目通常包括：底泥物理性状、底泥化学成分、底泥污染物释放实验等。底泥污染物释放实验主要包括采用柱状芯样模拟或孔隙水扩散模型等静态实验方法和振荡模拟扰动、直型水槽法或 Y 型管旋动法等动态实验方法。

确定清淤范围可以采用数学分析方法，如选择若干评价指标，利用聚类分析方法将评价指标特征类似的区域归为一类。由于底泥生态清淤的影响因素较多，清淤范围的确定不仅受淤泥污染情况影响，而且也要考虑社会经济等方面的因素。根据多方面影响因素进行综合判断是目前确定清淤范围的主要方法。

2. 清淤深度确定

生态清淤是将沉积在水体底部表层的污染物精确去除，通常为薄层清淤，施工精度高。生态清淤深度不仅决定着清淤工程量和工程规模，而且影响生态清淤效果。清淤深度不够实现不了去除污染物的目的，过深又会破坏改变湖底形态，影响底栖生态环境，给水体植被恢复和生态系统重建增加困难。

关于生态清淤深度的确定，国内外还没有统一标准。当前采用的生态清淤深度方法有如下几种：①背景值比较法。将当地土壤或普遍认为是未受污染湖泊底泥的污染物含量作为该区域的背景值，以此作为底泥是否被污染的评判标准。待评估区域底泥内污染物含量高于背景值的深度部分确定为受污染底泥，确定该区域底泥生态清淤深度。此种方法对于确定底泥污染的位置判断准确，缺点是不同区域的底泥有不同的背景值，确定统一的清淤深度难度较大。②拐点法。通过对柱状底泥污染物分层分析，判断污染物剖面分布，以污染物出现明显变化点作为判断是否清淤的深度，该方法优点是简单、直观，缺点是对于底泥污染垂向分布没有拐点或有多个拐点时，难以确定清淤深度。③底泥分层释放法。生态清淤的目的就是要将对水体有污染物释放能力的底泥去除，分析底泥不同层次的释放吸附情况，可以确定是否需要清淤和清淤深度。④生态风险系数法。该方法是将底泥释放风险和生态危害风险评价相结合的污染底泥清淤深度确定方法。

具体选择何种生态清淤深度确定方法主要取决于基础资料情况和规划设计工作阶段及精度要求。太湖底泥生态清淤工程中深度确定主要以监测指标数值拐点法为主，并以污染物释放的风险为参考。

3. 清淤设备选择

目前国内外已经研发了多种先进的环保型生态清淤设备（表1-2），按照工作原理大致可以分为三大类型：①机械式挖泥船，以抓斗式、铲斗式、斗轮式为代表性设备；②水力式挖泥船，以环保绞吸式挖泥船、耙吸式挖泥船为代表性设备；③气动式挖泥船，以气动泵挖泥船、空气提升挖泥船等为代表性设备。

表1-2　几种环保生态清淤设备的比较

环保疏浚船型	清淤方法	优点	缺点
（荷兰）环保绞吸式挖泥船	使用旋转铰刀将泥沙进行切割，再使用吸泥泵，通过输泥管进行输送；清淤能力在350m³/h以上	技术成熟，太湖清淤多项项目已采用实施 配备环保绞刀能有效地控制挖层厚度以适应薄层底泥的疏挖 配置污染监测系统，可以控制疏挖过程中的再污染状况	该船型排泥浓度约为10%，余水处理量较大
美国IMS全液压驱动挖泥船	使用旋转铰刀将泥沙进行切割，再使用吸泥泵，通过输泥管进行输送；清淤能力为50m³/h	效率高、体积小、便于移动 采用独特的液压驱动潜水泵，直接安装在挖泥头支架前方，泵前无吸泥管，动力利用率高 船体带有深度声呐测量系统，保证疏浚精度	直接挖吸，产生污浊较严重；排泥浓度约为5%～10%，余水处理量大
（日本）多功能小型疏浚船	使用筛斗或刀盘泵挖泥，再直接使用强力液压泵，通过管道排送污泥，清淤能力为40～60m³/h	对于非常浅的水域、湿地、陆地都可以施工 排泥浓度约为40%～80%（随着土质及含水率而变化），余水较少，只需进行小规模的余水处理	施工生产率低、清淤费用高

链式挖泥船，主要对链斗架进行改造，斗架上部为封闭式，以便使溢出的泥土流回到挖掘处而不影响附近水体。抓斗挖泥船，主要是把抓斗改为封闭抓斗，在清淤时不泄漏污泥。铲斗挖泥船是在普通铲斗上增加一个活动罩，使污泥封闭在铲斗内，在提升铲斗时污泥不流出，如HAM公司的带遮盖环保铲斗。斗轮式挖泥船采用机械抓挖，泥土结团率比绞吸式挖泥船高，排泥浓度可达25%。能挖较硬质土，工作水深可达2m以上，适用于深层清淤。

绞吸式挖泥船，主要是把常规铰刀头改造成环保铰刀头，目前主要有四种：①带罩式环保铰刀。该种环保铰刀由荷兰IHC公司研制，安装在IHC海狸600型和海狸1600型绞吸式挖泥船上，它可以进行薄层污染底泥的清淤且对底泥扰动小，能避免污染底泥扩散。②立式圆盘环保铰刀。由荷兰Boskalis公司研制，安装在 Vecht 绞吸式挖泥船上，它可以挖出很平的泥面而且泄漏量很低。③螺旋环保铰刀。由荷兰 HAM 公司研制，安装在 HAM291 绞吸式挖泥船上，一次可以挖泥厚度为 2～110cm，泥浆浓度可达 80%，绞吸口在铰刀中部，挡泥罩可防止泥土溢出或使水浑浊。④刮扫吸头。由国际疏浚公司研制，一次可清淤 20～60cm 厚的泥层。

在太湖已经开展的大面积生态清淤工程中常用的是环保绞吸式挖泥船。根据挖泥能力大小，环保绞吸式挖泥船有多种型号可供选择。在浅水湖泊清淤施工中，挖泥能力在 100～600m³/h 的船型运用最为广泛。浅水湖泊生态清淤施工作业，船型的吃水深度要求和最小挖深要求是两个重要的控制因素。

4. 清淤方式与关键技术

在水生态系统中，底泥沉积物是营养物、重金属、持久性有机污染物等多种污染物的源和汇。在水体污染物浓度较高时，底泥可以通过吸附、沉降、生物吸收等机制成为上覆水体中的污染物的"汇"。在外源污染得到有效控制的情况下，累积在沉积物中的污染物在生物或物理、化学因子等作用下得以重新释放进入水体，成为上覆水体的"源"，仍有可能导致水体在相当长的时间内维持富营养化或水质恶化等不良状态。底泥清淤是采用物理手段强制地将底泥从污染水体中永久性去除，因而较多地应用于湖泊治理中。

底泥清淤方式主要有两种，即挖干清淤和带水清淤。挖干清淤是将水抽干，然后使用清淤设备，如推土机等。这种清淤方法使用非常有限，需要排干水体，同时清淤设备能够进入作业区，因此只能在小型湖泊中应用。带水清淤方式应用比较广泛，方法也比较多，关键是尽量减少开挖时污染物在水中扩散所形成的二次污染，以及做好底泥与尾水的后续处置。

与传统的以疏通航道、扩大过水能力、水量增容等为目标进行的建设工程不同，随着人们对内源污染认识的深入，生态清淤作为近 20 年来发展起来的环保技术，不但能够清除底泥中的污染物，还可为水生态系统的恢复创造条件。环保生态清淤是水利工程、环境工程和疏浚工程交叉的边缘工程技术，其与一般工程疏浚的区别主要在于：环保生态清淤旨在清除湖泊中富含污染物质的底泥和浮淤，并要求尽可能保护水生生态系统恢复的生境条件。

环保生态清淤主要有以下几个特点：①泥沙搅动少，扩散和泄漏少，吸入浓度高，悬浮状态的污染物对周围水体影响小；②定位精度高、开挖精度高，能彻底清除污染物，超挖量少，既保证环保疏浚效果，又降低工程成本；③避免淤泥输送过程中的泄漏对水体造成二次污染；④对疏浚的污染底泥进行安全处理，避免污染物对其他水系及环境的污染。

生态清淤工程的几个关键技术环节：①尽量减少泥沙搅动，并采取防止扩散和泄漏的措施，保证高浓度吸入，避免处于悬浮状态的污染物对周围水体造成污染。②高定位精度和高开挖精度，彻底清除污染物，并尽量减少超挖量，即在保证环保清淤的前提下降低工程成本。③避免输送过程中的泄漏对水体造成二次污染。④对清淤的污染底泥进行安全处理，避免污染物对其他水体及环境的再污染。要达到这样的要求，有两个关键环节需要注意。其一是确定污染底泥的清淤深度。其二是确定清淤范围。施工机械能否达到设计要求也是生态清淤成功与否的关键。常用的清淤设备大体可以分两类，一类是传统的用于疏浚航道、增加库容等的疏浚设备；另一类是专用的环保清淤设备。如专门用于污染底泥清淤的螺旋式挖泥装置和密闭旋转斗轮挖泥船，还有国内引进消化吸收后的气动泵挖泥船。从经济上考虑，专用设备设计和建造成本要比传统的挖泥设备高，对于规模较小的项目，经济性更差。

1.4.2　生态清淤工程水生态修复效果评估

国内已经实施的清淤工程有南京玄武湖、杭州西湖、昆明滇池、安徽巢湖、长春南湖等。1998～1999年实施的滇池草海污染底泥疏挖及处置工程（一期）是我国首例大型湖泊环保疏浚工程，为我国湖泊环保疏浚起到了示范作用，并取得了宝贵的经验和数据。广西南宁于2000年对南湖实施了底泥疏浚工程，并对污染底泥采用了分散堆存封闭的处置方法。杭州西湖是国内较早实施底泥清淤的湖泊。西湖湖泊底泥中有机质含量高达25%～69%，TN含量为0.93%～1.26%，TP含量为0.38%～0.42%。杭州市政府分别于1999年和2003年对西湖中心水域及周边地区进行了清淤。采用的方法是绞吸式的方法，挖泥深度为50cm。根据疏浚前后底泥的对比分析，底泥中有机物含量显著下降，位于少年宫一带沉积物中有机物含量从68.7%下降到25%，湖中心水域从34.5%下降到12.2%，TN在湖中心区下降了64.2%，但是底泥中的TP在疏浚后反而增加了。

以小型浅水富营养化湖泊——长春南湖为例，从构成湖泊水生态系统的水质、底泥和生物三个方面对长春南湖底泥疏浚工程实施的生态效应进行了连续5年的监测。底泥疏浚后水质如透明度增加36%，pH增大，溶解氧升高，悬浮物未增加。底泥疏浚对水质BOD_5和COD_{Cr}的改善作用不大，底泥疏浚后短期内引起氨氮、总氮和总磷的营养盐浓度的升高，但是在疏浚结束时它们分别比疏浚前下降了74%、44%和47%。底泥中总氮、总磷对疏浚工程的响应不同，与疏浚开始时相比，总磷含量在疏浚后下降了42%，出乎预料的是总氮没有降低反而升高了49%，底泥总氮增加最可能是疏浚过程中间隙水中氨氮的释放造成的（Wang and Feng, 2007；王小雨, 2008）。

五里湖是太湖流域较早开展生态清淤的水体，对清淤前后湖区水质、水生生物及底泥成分进行了跟踪监测和分析，结果表明：底泥疏浚后，湖区水质发生好转，高锰酸盐指数和总磷含量呈逐渐下降趋势，下降幅度分别达到 18% 和 40%，透明度也由清淤前的 35cm 增加到 45cm 左右。表层底泥重金属污染程度明显降低，主要重金属 Hg、As、Cu、Cr 等降幅达到 40%～50%，表层底泥有机质、TN 和 TP 的平均降幅达 33%～50%。清淤后湖区浮游生物以及底栖动物生物量和栖息密度有所降低，但其群落结构并未发生根本的变化，生态系统结构与清淤前基本一致（沈亦龙，2005）。

在底泥清淤 6 个月后，利用大型底栖动物群落结构和水质变化评价竺山湾进行的清淤工程影响时，结果表明：疏浚区和未疏浚区底栖动物均以霍普水丝蚓、摇蚊和铜锈环棱螺 3 种生物为主；同未疏浚区相比，疏浚后生物多样性降低，但生物量增加。由于上覆水体依然保持较高污染物浓度，疏浚后的新生底泥仍处于营养盐较高的状态，从而使得底栖动物群落组成以生活于污染较重区域的物种为主，采用 Shannon、Simpson 和 Goodnight 指数对底栖生物进行评价，结果表明疏浚区处于中度污染，未疏浚区处于中-重度污染状态。结合底栖动物调查和水质监测结果，只有在严格控制外源污染对水体的影响后，底泥疏浚才能起到应有的作用（刘国锋等，2010b）。

通过模拟太湖底泥清淤实验，钟继承等研究了湖泊清淤对内源氮磷释放、沉积物反硝化作用、微生物活性和群落功能多样性等的影响（钟继承等，2009a，2009b，2009c，2010）。清淤 30cm 能够有效削减沉积物中有机质、氨氮和磷酸盐含量，疏浚后短期内沉积物反硝化速率低于未疏浚对照沉积物，疏浚沉积物微生物活性显著低于未疏浚沉积物的微生物活性，疏浚对沉积物微生物活性影响较大且在一年的试验周期内难以恢复。通过模拟实验，刘德启等认为太湖以平均清淤深度为 25cm 时的环境效果最佳，在沉积物粒度较细的湖区，清淤深度可以适当增加，且底泥疏浚应在冬季等水温低的季节进行，这样可以有效地防止其中营养物向上覆水体的释放（刘德启等，2005）。

应用浮游植物群落结构变化及富营养化指数评价南太湖底泥疏浚工程对减轻太湖营养盐内负荷、控制湖泊富营养化的效果。研究结果表明，疏浚后水体中的浮游植物种类有所增加，其密度、生物量及蓝藻所占比例均有不同程度的降低，浮游植物群落结构发生变化；疏浚后水体的生物多样性指数发生变化，Shannon 指数升高，卡尔森营养状态指数（TSIM）降低，表明南太湖富营养化现状有所改善，底泥疏浚工程对于减轻南太湖营养盐内负荷、控制湖泊富营养化具有积极作用（原居林等，2010）。

底泥清淤不仅对于沉积物营养盐含量有重要影响，而且可能改变重金属含量和毒性。姜霞等选择太湖梅梁湾未疏浚、疏浚后 1 周和疏浚后半年的表层沉积物为研究对象，测定其中重金属的含量及其不同赋存形态所占比例，开展沉积物间隙水中重金属毒性试验，据此探讨疏浚对沉积物中重金属含量及其赋存形态所占比例和生物毒性的影响。结果表明：太湖梅梁湾调查区未疏浚沉积物重金属含量明显高于疏浚区，重金属的生物毒性占沉积物综合毒性的 25%～35%。疏浚后 1 周沉积物重金属含量急剧降低 32%～51%，但对重金属生物毒性影响较大的吸附态及碳酸盐结合态重金属比例由未疏浚时的未检出或含量极低增加到 40%～83%，生物毒性相应增加 17%～38%。疏浚后半年，沉积物中重金属的总量略有回升，吸附态及碳酸盐结合态重金属比例下降，生物毒性下降并低于未疏浚时水平（姜霞等，2010）。长春南湖底泥疏浚工程对重金属去除是有效的，底泥重金属 Hg、Zn、As、Pb、Cd、Cu、Cr 和 Ni 的去除率分别为 97.0%、93.1%、82.6%、63.9%、52.7%、50.1%、32.0%和 23.6%（Wang and Feng, 2007；王小雨，2008）。五里湖的清淤工程效果表明：表层底泥重金属污染程度明显降低，主要重金属 Hg、As、Cu、Cr 等降幅达到 40%～50%（沈亦龙，2005）。

　　尽管许多工程实践已经表明底泥清淤能够去除累积在水体底部的污染物，降低水体污染物含量，人们常把疏浚底泥作为治理富营养化湖泊的一种重要措施，但是它需要巨大的资金投入，并且在底泥清淤后存在尾水处理等问题，不少学者认为底泥清淤不是控制湖泊富营养化控制的必要条件（濮培民等，2000）。对城郊污染湖泊五里湖和玄武湖底泥疏浚前后内源负荷模拟研究和现场样品采集分析表明，清淤可在短期内使内源污染负荷得到一定程度的抑制，但清淤施工质量的差异也会对底泥内源控制效果产生影响。清淤工程达不到应有效果的原因包括：①对底泥性质缺乏深入研究。②过度清淤，国内外已有的研究表明，污染底泥的活跃层厚度一般不超过 30cm，极端情况下也不超过 50cm。过度清淤深度超过应挖的污染层，一方面削弱了湖体的污染缓冲能力，另一方面破坏了湖底形态，给后期湖底植物恢复和生物生态工程的重建增加了困难。随着颗粒沉降、动力扰动和生物转化等生物地球化学过程的持续作用，内源回复现象将有可能逐步出现，其回复的速度主要与疏浚方式、新生表层界面过程变化有关，沉积物中较高的营养物和有机物含量本底对底泥界面过程和营养物再生起促进作用。因此，清淤前研究污染湖泊底泥的物化特征、生物特性和底泥释放特征，对确定污染湖泊底泥疏浚方式和预测疏浚效果等极其重要（范成新等，2004）。底泥清淤必须科学谨慎地控制清淤后新形成底泥表面的高程，为后续生物技术介入创造必要的条件（陈荷生等，2008）。考虑到生态清淤工程的投入产出比及其可能对生态修复的负面影响，有学者认为减少外污染源、改善生态结构才是控制湖泊富营养化的关键途径（濮培民等，2000）。

1.5　研究目标与内容

　　针对太湖流域典型引水工程及生态清淤工程，采用调研、监测等方法，以生态学、系统论等理论为基础，针对水文、气象、生境、生物等多种耦联相关的生态要素，结合工程生态敏感因子，在流域生态监测网络体系构建的基础上，研究太湖流域引水工程、生态清淤等重大工程对湖区水生态影响监测体系建立的关键技术，完善工程水生态效应监控指标与点位布设体系，初步确定典型重大工程水生态环境影响评估的指标，提出太湖流域重大调水引流工程与生态恢复工程水生态影响的跟踪监测与评估程序和方法，开展典型引水、生态清淤工程等重大工程水生态影响的评估，形成重大工程湖区水生态影响监控与评估技术方案，为太湖流域水生态监控网络、技术方法体系及业务化运行模式建立提供科学和技术支撑。研究内容如下。

1）太湖流域重大工程水生态影响跟踪监测评估关键技术研究

（1）重大工程生态效应评价指标监测方法与站位布设研究；

（2）重大生态修复工程水生态影响跟踪评估关键技术研究；

（3）太湖流域重大生态修复工程水生态评估技术研究。

2）引水工程生态效应跟踪监测与评估

（1）生物生存地域变化的调研与跟踪评估；

（2）贡湖湾蓝藻种群与分布变化特征监控与评估；

（3）基于生态效应适宜的引水工程调度方式研究。

3）清淤工程生态影响跟踪监测与评估

（1）清淤工程底栖生物影响生态监测评估；

（2）清淤工程水生植物影响生态监测评估；

（3）基于生态效应的清淤工程实施方式研究。

2 太湖流域及其重大生态修复工程概况

2.1 流域自然环境与社会经济概况

2.1.1 流域自然环境

太湖流域位于长江下游与河口段的南侧,地跨苏浙沪皖三省一市。整个地势西高东低,大致以丹阳—溧阳—宜兴—湖州—杭州一线为界分为平原与山地丘陵两大部分。东部为太湖平原,是全流域的主体,面积约占流域总面积的80%,其中上海占12%,江苏占44%,浙江占24%。西侧为山地丘陵,它构成本流域的分水岭地带,山地丘陵面积约占总面积的20%,其中浙江占13%,江苏占7%。

太湖流域属亚热带季风气候区,气候湿润,四季分明,降水总体呈南部大于北部、西部大于东部、山区大于丘陵区、丘陵区大于平原区之势。太湖流域年平均气温15~17℃,多年平均降雨量为1180mm,其中70%的降雨集中在5~9月。降雨年内年际变化较大,最大与最小年降水量的比值在1.7~4.5。

太湖流域是我国著名的水网地区,境内河道纵横交错。河道总长度约12万km,平均每平方公里河道长度为3.2km,在广大平原区构成网络状,称为"江南水网",是太湖流域自古以来的水利基础。按照水系特点,本流域可划分为如下5个区:①以太湖水面为主的太湖区;②以苕溪水系为主的浙西区;③以南溪水系、洮滆水系为主的湖西区;④以地区性沿江水系为主的武澄锡区和阳澄区;⑤以黄浦江水系为主的杭嘉湖区、淀泖区、浦西区和浦东区。

太湖流域西部山丘区和平原区的降雨径流以及湖区降雨形成太湖洪水,经太湖调蓄后向东部排出。在自然情况下,29557km² 的平原浑然一片,洪水和地区涝水在平原汇合通过河网扩散,影响邻区,造成较大范围的洪涝灾害。为了提高治水效果,减少洪灾损失,根据流域河道水系、地形高差及洪涝特点,对流域进行了水利分区。

目前的水利分区包括湖西区、浙西区、太湖区、武澄锡虞区、阳澄淀泖区、杭嘉湖区、浦西区、浦东区共八个水利分区。其中湖西区、浙西区和太湖区三区为流域上游区,其他为下游区。

2.1.2 流域水资源

太湖流域多年平均水资源总量为 162 亿 m^3，其中地表水资源量为 137 亿 m^3。由于受降水和下垫面条件的影响，地表水资源量年际、年内分布不均，年径流最大值 253 亿 m^3（1997 年），最小值仅为 16 亿 m^3（1978 年），最大值约为最小值的 15.8 倍；年内分配则呈汛期径流集中、四季分配不均以及最大、最小月径流相差悬殊等特点。流域北靠长江，可资补充区内用水之需。

根据 2011 年国务院批复的《全国重要江河湖泊水功能区划（2011—2030）》，太湖流域共有 380 个水功能区。2015 年流域全年期水功能区水质达标个数 106 个，达标率 27.9%；其中，一级功能区达标率为 24.5%，二级功能达标率为 29.0%。太湖流域参评水功能区中河流达标河长 1361.2 km，达标率为 30.7%；湖泊达标面积 41.1 km^2，达标率 2.2%；水库达标蓄水量 4.2 亿 m^3，达标率 6.9%。

2.1.3 流域社会经济

太湖流域在行政区域上地跨苏浙沪皖三省一市，包括江苏省的苏州、无锡、常州、镇江和浙江省的杭州、嘉兴、湖州 7 个地级市，上海市的陆地部分以及安徽省的一小部分。太湖流域水陆交通便利，农业生产基本条件好，乡村工业比较发达，经济基础雄厚，人口稠密，人口文化素质较高，科技力量较强，市场信息灵通，基础设施和投资环境较好，是我国经济最发达的地区之一，虽然土地面积仅占全国的 0.4%，但经济在全国占有举足轻重的地位。

2015 年太湖流域 GDP 达到 6.69 万亿元，约占全国的 9.9%，城镇化率达 80%。据预测，到 21 世纪 30 年代，全流域的国内生产总值将比现在再翻两番，城市化率将达到 80% 以上，经济社会发展水平初步实现现代化。

2.2 太湖流域引水工程概况

2.2.1 引水工程现状格局

20 世纪 80 年代以来，太湖流域需水量不断增加，水资源短缺问题日渐显现。同时，该地区乡镇企业的快速发展导致太湖水环境逐步恶化，水污染问题开始突出，以 2007 年无锡市暴发的饮用水危机事件影响最为明显，引起了社会的广泛关注。因此，改善太湖水环境、确保流域饮用水水源地的安全已迫在眉睫。

2002 年，经水利部批准，水利部太湖流域管理局会同两省一市（江苏省、浙江省以及上海市）水利部门实施了引江济太调水试验，通过望虞河江边的常熟枢纽，以自引与抽引相结合的方式引长江水入望虞河，经过望虞河河道，由望亭水利枢纽进入太湖。同时，在太湖南部加大太浦河的下泄水量，增加对太湖下游地区供水的力度，以促进太湖水体的交换。当太湖水位超出规定水位后，望虞河也可作为排水通道将太湖水排入长江，缓解太湖水位压力。2007 年太湖蓝藻暴发，无锡市发生供水危机，直接影响约 200 万人口饮水安全。江苏省紧急实施引江济太应急调水，同时开启梅梁湾泵站抽排太湖水入京杭运河，迅速改善了太湖贡湖湾水源地的水质。有关部门在总结引江济太调水试验和 2007 年应急调水经验的基础上，进一步优化调水时机和线路，新建了大渲河泵站和梅梁湾泵站，形成由原来的引江济太调水试验发展为保障太湖供水安全、改善流域水环境的"一进三出"的调水引流常态工程措施。

引江济太工程属典型的应对大型富营养化湖泊水资源与水生态环境问题的水利工程。2002 年起，太湖流域实施"引江济太"调水，利用流域骨干水利工程望虞河（从长江边的常熟水利枢纽起至太湖入湖口的望亭立交止，全长约 60.8km，沿线途经锡澄河网地区）调引水质相对优良的长江水体进入太湖，并通过太浦河工程由太湖向上海等下游地区供水，由此带动流域内诸多水利工程的优化调度，促进太湖与河网水体流动，以实现"以动治静、以清释污、以丰补枯、改善水质"的目标。

2.2.2 引水工程规划格局

在原有望虞河和太浦河引排水通道的基础上，工程现正在新建新孟河引水通道，疏通和增设新沟河与走马塘排水线路，工程目标是使太湖常年保持 3.0～3.4m 的适宜水位。2012 年太湖湖体主要水质指标高锰酸盐指数（COD_{Mn}）、氨氮（$NH_4\text{-}N$）、TP、TN 浓度已分别达到Ⅲ类、Ⅱ类、Ⅳ类、劣Ⅴ类，比 2007 年工程开始常态化运行时分别下降了 18.7%、67.9%、21.1%和 2.7%，引江济太工程运行后太湖水质总体有改善趋势。

望虞河工程是治太十一项骨干工程之一，1991 年开工建设，1998 年基本建成，2000 年 9 月通过竣工初验，2006 年 3 月通过验收。望虞河北起长江，南至贡湖湾，全长约 60.5km，河道底宽约 72～94m，河底高程–3m，边坡多为 1∶3；其中湖荡段（漕湖、鹅真荡和嘉菱荡）底高程约–0.5～1.0m，底宽 20～50m，边滩底高程约 1.0m。沿线有望亭水利枢纽、常熟水利枢纽和东、西岸支河口门控制建筑物及跨河桥梁。

望虞河两岸河网密布，是引江济太工程主要的引排水通道之一（褚克坚等，2014）。常熟水利枢纽和望亭水利枢纽是望虞河主干道河段的两个控制断面，其中望亭水利枢纽是望虞河引水入湖的直接控制闸。望虞河东岸支流口门已基本控制，西岸支流口门为兼排地区涝水，仅北部靠近长江的福山塘以北段和南部嘉菱荡以南部分支流控制外，其余均为敞开；调水过程中，望虞河东岸闸门的引水流量以不得超过调引江水量的 30%或总引水流量不超过 50 m³/s 控制，望虞河常熟枢纽调引的长江水绝大部分流入太湖和西岸支流（马倩等，2014）。

新沟河延伸拓浚工程是国家发展和改革委员会同有关部门编制的《太湖流域水环境综合治理总体方案》（已获国务院批复）提出的扩大"引江济太"规模、提高流域水环境容量的骨干引排工程之一，江苏省人民政府制定的《江苏省太湖水污染治理工作方案》也将其纳入规划近期实施的流域调水引流工程之一，也是《太湖流域防洪规划》及《太湖流域水资源规划》确定的流域防洪和水资源配置骨干工程的重要组成部分。

规划建设的引排工程还有走马塘工程、新沟河延伸拓浚工程和新孟河延伸拓浚工程等重大工程，其中已经完工的有走马塘工程。

走马塘整治工程是太湖流域新一轮防洪规划望虞河后续工程的组成部分，是落实妥善处理好望虞河西岸地区排水出路的具体工程措施，是解决望虞河"引江济太"期间引排分开、清污分流的重要措施。依据规划，新孟河延伸拓浚工程从太湖流域上游引长江水入太湖的竺山湾，完善引江济太工程布局，增加引江济太入湖水量，平水年引江入湖水量 25.2 亿 m³，最大限度地改善竺山湾及太湖西部沿岸带湖区水质，增强太湖水体循环，促使太湖整体水体有序流动，提高湖体水环境容量。

贡湖湾是太湖（30°55′40″～31°32′58″ N，119°52′32″～120°36′10″ E）东北部的大型湖湾型水域，面积约 150km²，湾区常年平均水深 1.8m（钟春妮等，2012）。湖湾西南部连通梅梁湾与太湖湖心，东北角则承接望虞河，是引江济太望虞河引水工程首要的受水湖区。1987～2003 年太湖贡湖湾水质指标平稳波动，氨氮浓度缓慢上升，2005 年以后水质迅速恶化。自 2005 年以来，贡湖湾开始有大面积蓝藻水华覆盖，2007 年以后发生水华的频率明显增加。与此同时，受引江济太工程的影响，贡湖湾水质有较为明显的改善。近些年来，随着梅梁湾水环境的持续恶化，贡湖湾已成为无锡市主要的水源地，同时也是苏州市的重要水源地之一（唐承佳，2010）。贡湖湾属于典型的草-藻混合型湖泊生态系统，湾内既有蓝藻水华聚集，也有大量水生植被覆盖，但水生植被多集中于贡湖湾东岸带（赵凯等，2015）。贡湖湾内生态结构的复杂使得其水环境与水生态要素呈现明显的空间异质性。

2.2.3　引水工程调度运行状况

太湖流域多年平均水资源总量为 162 亿 m³，而近几年的平均年用水量在 290 亿 m³ 左右，流域本地水资源已不能满足用水量需求；太湖水体滞留时间长达 309 天，水体交换系数为 1.18，是全国五大淡水湖中水量交换最慢、滞留时间最长，水体交换率最低、自净能力较差的湖泊；而太湖流域经济社会发展很快，水污染治理相对滞后，河湖水质每况愈下，水生态环境遭受破坏，流域水环境、水质型缺水问题已成为制约区域社会经济发展和人民生活水平提高的瓶颈。

为缓解矛盾,2002年启动了引江济太调水试验,2007年无锡供水危机发生后,进一步提出了加大河湖连通的引水调度方案。引水工程在太湖水环境治理实践中,调活流域水体、加快水体置换,保障流域水资源供给、改善流域水环境,初步实现"以动治静、以清释污、以丰补枯、改善水质"的效果,成为太湖水环境治理的关键措施之一。

1. 引水调度原则

(1)洪水优先调度原则。在引水调度和洪水调度发生矛盾时,执行洪水调度优先。

(2)防止污水扩散原则。调水引流期间不能使地区污水团或污水盲目扩散,一旦发生则必须采取有效遏制措施。

(3)提高入湖水量效率原则。望虞河东岸限引50个流量,在适当兼顾地区用水、确保地区排水通畅的情况下,抬高望虞河干流沿线水位,提高水量入湖效率。

(4)确保入湖水质合格原则。入湖水体的水质不劣于地表水Ⅲ类标准时,才可开启望亭立交向太湖补水,确保合格水入太湖。

(5)充分利用雨洪原则。充分利用当地水资源,实现当地水和外调水的联合调度和优化配置,节约水资源、改善水环境。

(6)保障供水安全原则。当供水水源地水质受到严重影响时,实施应急调水,确保供水安全。

2. 太湖控制水位

调水引流必须在确保防洪安全的前提下进行,太湖水位宜实行分期和分目标控制,当太湖水位处于防洪控制水位之上时,按洪水调度考虑;当太湖水位处于防洪控制水位之下时,视情况向太湖引水,同时警惕旱涝急转。视太湖水位,望虞河和太浦河可以同时承泄太湖洪水,利用洪水资源,改善地区水环境;或者望虞河引水,太浦闸关闭,增加太湖蓄水量,为太浦河后期供水创造条件;也可以望虞河一边引水,太浦河一边供排水,使河网和湖泊水体处于流动之中,提高太湖及河网水体自净能力。

通常,全年划分成4个时段,即汛前期(4月1日~6月15日)、主汛期(6月16日~7月20日)、汛后期(7月21日~9月30日)、非汛期(10月1日~次年3月31日)。根据太湖流域的汛情特点和用水情况,结合国家防汛抗旱总指挥部(简称国家防总)批准的《太湖流域洪水调度方案》,汛前期太湖调水限制水位按3.00m控制,防洪控制水位3.10m,避免太湖水位过高,防止增加防洪风险;

主汛期随着汛情变化，太湖防洪控制水位可逐步提高到 3.50m，调水限制水位可逐步提高到3.30m，其目的是将部分雨洪资源转为水资源；汛后期既是流域高温、用水高峰季节，又是受台风和雷暴雨影响时期，太湖防洪控制水位为 3.50m，调水限制水位 3.30m；非汛期洪涝风险相对解除，太湖水位按 3.50～3.10m 直线递减控制，并在次年 4 月前降低到 3.00m。

3. 望虞河工程引排调度

望虞河工程调度受长江潮位、太湖水位、地区需水和河道污水等多种因素的影响。当太湖水位高于相应防洪控制水位时，按照《太湖流域洪水调度方案》调度，望虞河排水；当太湖水位低于相应调水限制水位时，常熟水利枢纽引水。调水引流期间，当常熟水利枢纽自引能力不足时，开启常熟水利枢纽泵站抽引长江水，保证常熟水利枢纽流量大于望亭水利枢纽入湖流量，但主汛期一般不考虑泵站抽引，以确保流域防洪安全；望虞河东岸引水总量不超过 50m³/s；望虞河西岸应严格控制运行，杜绝污水进入望虞河；当望亭立交闸下水质不劣于地表水Ⅲ类标准时，望亭水利枢纽开闸向太湖引水，否则关闭望亭水利枢纽，等水质指标达到要求后再开启望亭水利枢纽向太湖引水。水质调度评价指标为高锰酸盐指数（COD_{Mn}）、总磷（TP）、总氮（TN）、氨氮（NH_4-N）。

4. 太浦河工程排水调度

当太湖水位高于相应防洪控制水位时，按《太湖流域洪水调度方案》调度，太浦河排水；当太湖水位低于不同水情期的防洪控制水位时，太浦闸一般停止泄水，但当望亭水利枢纽开闸引水时，太浦闸可视太湖水位情况适当开启泄水，以加快太湖水体流动，改善太湖及下游河网水质。

5. 望虞河引江及入湖水量

自 2007 年应急调水以来，2007～2012 年共引长江水 130.1 亿 m³，其中 70.2 亿 m³ 进入望虞河两岸河网，59.9 亿 m³ 进入太湖，平均年引长江水 21.7 亿 m³，平均年入湖水量 10.0 亿 m³。几年来的入湖水量相当于太湖正常水位下水量的 1.4 倍，同时使受益区河网水体部分被置换。

多年来，望虞河引江水量与入湖水量有增加的趋势，且年均增长率分别为 8.6%、7.0%，引江水量增加的幅度较入湖水量的大；多年的入湖效率变化起伏，均值为 43.0%，2007 年入湖效率最高，为 55.9%，2009 年入湖效率最低，为 37.1%，如表 2-1 所示。

表 2-1   2007～2012 年望虞河引江水量入湖水量统计成果表

年份	引江水/×10^6m^3	入湖水/×10^6m^3	水量差/×10^6m^3	入湖效率/%
2007	2334.0	1304.2	1029.8	55.9
2008	2207.6	894.1	1313.5	40.5
2009	1316.1	488.8	827.3	37.1
2010	2371.5	1004.2	1367.3	42.3
2011	3185.6	1607.8	1577.8	50.5
2012	1604.4	686.4	918.0	42.8
合计	13019.2	5985.5	7033.7	46.0

2010 年下半年秋冬季到 2011 年上半年冬春季太湖地区大旱，2010 年 10 月～2011 年 6 月通过望虞河望虞闸共引长江水 31.5 亿 m^3，望亭立交入湖水量 17.6 亿 m^3，为保障太湖地区饮用水源地安全、改善太湖水环境起到了积极的作用。

2.3   流域生态清淤工程概况

2.3.1   流域生态清淤工程实施背景

国务院于 1996 年在无锡召开了"太湖流域环保执法检查现场会"，将太湖作为我国水污染治理重点"三河三湖"之一。国务院批复的太湖水污染防治"九五"计划和"十五"计划规划要求对太湖底泥清淤方案进一步论证，提出计划并组织实施。水利部太湖流域管理局从 2002 年起组织江苏省工程勘测研究院、河海大学、太湖流域水环境监测中心等单位对太湖底泥与污染情况进行了大规模的勘测调查，查清了太湖底泥分布区域、淤积量、污染程度及主要污染物分布状况，建立了太湖底泥淤积和污染情况数据库。天津中水北方勘测设计研究有限责任公司利用先进的 Silas 系统，对底泥淤积量大、污染较重的竺山湾、梅梁湾、贡湖三个湖湾区进行了 1：10 000 水下地形测量，对底泥量及其分布进行了更为详细的复核。

为了进一步研究污染底泥释放对湖泊水环境的影响，2003 年太湖流域管理局组织中国科学院南京地理与湖泊研究所开展了太湖重点污染湖区底泥释放实验研究，对重点污染湖区底泥释放规律进行了较详细的探讨。太湖流域管理局于 2005 年组织中国科学院南京地理与湖泊研究所、上海勘测设计研究院等开展了太湖污染底泥疏浚规划研究工作，制定了《太湖污染底泥疏浚规划》，研究了太湖污染底泥规划疏浚面积、疏浚深度与疏浚总量，确定了疏浚区域范围以及疏浚工艺方式，并对疏浚效果进行了分析。2007 年 7 月水利部以水规计〔2007〕91 号文批复了该项规划。

　　2007年5月,无锡供水危机暴发引起全社会对太湖水体富营养化的高度重视。事后对无锡供水危机形成原因分析表明,蓝藻堆积腐烂并与污染底泥相混合厌氧发酵是主要物质成因。污染底泥也是太湖重污染湖湾区如竺山湾、梅梁湾经常发生的"湖泛"的物质基础(陆桂华和马倩,2009)。国务院2008年批复和2013年修编的《太湖流域水环境综合治理总体方案》将《太湖污染底泥疏浚规划》纳入其中,并安排在2015年后实施.根据太湖治理的实际需要和防控湖泛的迫切需求,经过多方论证,2008年江苏省政府决定提前实施太湖生态清淤工程,7月4日江苏省政府常务会议原则通过了《江苏省太湖水污染综合治理工作方案》,确定了太湖治理的总体目标、主要任务、行动计划、政策措施、工作职责等,特别明确要全面推进生态清淤,积极开展生态修复。确定由江苏省水利厅先期实施试验工程,在取得清淤工程设计、施工、余水处理和淤泥处置的经验基础上,2008年全面启动了生态清淤工程(陆桂华等,2012)。

2.3.2　太湖生态清淤工程实施过程

　　五里湖是太湖梅梁湾深入陆地的一片水域, 东西长约 6.0km, 南北宽 0.3～1.5km, 面积 5.60km², 平均水深约 1.95m。五里湖是无锡市区内与太湖直接相连的湖泊,主要污染物来源是城市生活污水和路面冲刷地表径流污染,1998年以后,五里湖水质为V类和劣V类,处在严重富营养化污染水平。为改善五里湖水质,由中国环境科学研究院牵头、中国科学院南京地理与湖泊研究所和中国科学院水生生物研究所作为主要参加单位的国家863水专项"重污染水体底泥环保疏浚与生态重建技术研究"课题资助下,于2002年10月至2003年2月实施了清淤工程。采用的是改进的环保绞吸式挖泥船,并安装了先进的光学和声学探测器及卫星定位系统等设备。清淤面积 5.60km², 清淤深度 0.2～0.7m, 总计清除表层污染底泥240.1 万 m³。清淤后底泥通过管道泵送至 4km 外的淤泥堆场处置。

　　2007年无锡饮水危机发生后,根据国务院《太湖流域水环境综合治理总体方案》和水利部批复的《太湖污染底泥疏浚规划》成果,2008年8月江苏省水利厅在对太湖底泥进行大量调查和分析的基础上组织编制完成了《江苏省太湖生态清淤工程总体可行性研究》报告,决定把《太湖流域水环境综合治理总体方案》确定在2015年实施的3500万 m³ 清淤任务提前至2008年实施,并在2012年左右全部完成。2008年10月21日,江苏省人民政府办公厅转发省水利厅关于加快实施太湖生态清淤工程意见的通知,该文件明确江苏省太湖生态清淤面积97.51km²,工程量为3541万 m³, 总投资30亿元左右,计划从2008年开始,用5年左右时间,基本完成太湖湖体清淤任务,每年清淤任务约600万～700万 m³。要实施3500万 m³ 的生态清淤工程,国内外没有现成可供借鉴的经验,特别是在工程设计、施工机械、淤泥处置、尾水处理等一系列环节,工程实施难度很大,技术问题也很多。为了给后续大规模工程实施累积经验，江苏省水利厅在工程大规模实施前，在太湖选择底泥污染严重、湖泛发生频率高的贡湖湾、梅梁湾、竺山湾等湖区先后实施了疏浚试验工程以及入湖河口疏浚试验工程。

由无锡市政府投资的"无锡市贡湖水源地生态清淤工程"于 2007 年 7 月初开工，10 月结束，疏浚工程清淤量为 155 万 m^3。结合该工程实施，由中国科学院南京地理与湖泊研究所牵头，承担了"贡湖北岸环保疏浚与生态修复技术应用与示范"研究项目。该研究项目示范区在贡湖北岸大溪港东侧，总面积达 0.181km^2，工程设计疏浚示范、疏浚+水生植物示范和植物种植示范三类区域，疏浚示范区分两个区块。竺山湾清淤试验工程位于宜兴市符渎港至殷村港之间的近岸水域，工程从 2008 年 10 月 9 日开始，12 月底结束，总清淤面积 1.0km^2，清淤量 30 万 m^3。

根据上述试验工程得到了生态清淤的关键技术参数，2008 年后太湖开始实施大规模的生态清淤工程。竺山湾及西沿岸区宜兴市及武进区生态清淤工程分别于 2009～2010 年实施，生态清淤深度为 0.2～0.6m，共计实施清淤湖区底泥 24.48km^2，清淤规模为 678.0 万 m^3。梅梁湾清淤工程具体实施地点在三山岛南、环山河口、月亮湾等湖区，工程全部由无锡市政府实施。梅梁湾清淤面积 48.41km^2、清淤土方 1365.3 万 m^3，从 2008 年度开始，至 2012 年计划完成。无锡市贡湖水域有两块清淤区域：一块分布于小溪港外侧，距岸边 500m 的湖区，清淤面积 7.04km^2，清淤土方量 155 万 m^3；另一块分布于锡东水厂取水口以东，清淤面积 3.54km^2，清淤土方量 80 万 m^3。两块区域生态清淤工程于 2008 年下半年实施完成。苏州市贡湖金墅港水源地清淤工程分别于 2008 年 2 月和 2009 年 10 月实施，一期工程主要围绕取水口外围展开，二期工程除继续实施取水口外围清淤外，还包括入湖河道整治、湿地建设等内容，工程于 2010 年 10 月全部结束。2009 年苏州市及吴中 22.99km^2，清淤土方 704.19 万 m^3。2011 年提出在原有的 SD3 区域南侧增加疏浚区、吴江区针对东太湖沼泽化发展趋势，确定东太湖生态清淤工程面积为区域面积 178.05 万 m^2，疏浚工程土方开挖量 157.17 万 m^3。结合东太湖生态清淤，苏州市开展了包括行洪供水通道疏浚、退垦还湖（含堤线调整）、生态清淤及水生态修复等在内的东太湖综合整治工程，生态清淤工程主要实施方式为干挖式。

在本项目实施时，根据太湖清淤工程进度总体安排 2013 年 5～6 月梅梁湾最后一块约 1.5km^2 的区域实施生态清淤工程，2014 年 4～6 月竺山湾无锡马山一侧区域实施生态清淤工程。太湖水体富营养化和水草腐烂同样给位于东太湖南侧的吴江市水源地供水安全造成威胁。为了确保吴江市供水安全，吴江市启动东太湖水源地保护工程，于 2014 年 3～5 月实施完成吴江市第一水厂和备用水源地生态清淤工程。太湖生态清淤工程实施区域分布、清淤时间情况见图 2-1。竺山湾和梅梁湾生态清淤工程实施区域分布、清淤时间情况见图 2-2，东太湖生态清淤工程实施区域分布、清淤时间情况见图 2-3。

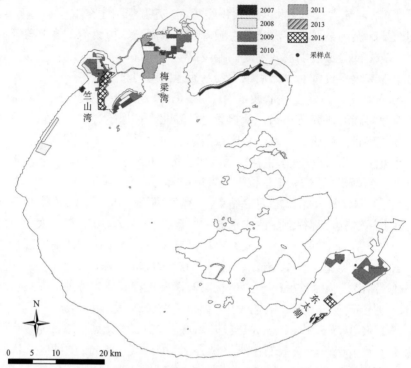

图 2-1 太湖生态清淤工程实施区域分布、清淤时间和采样点分布

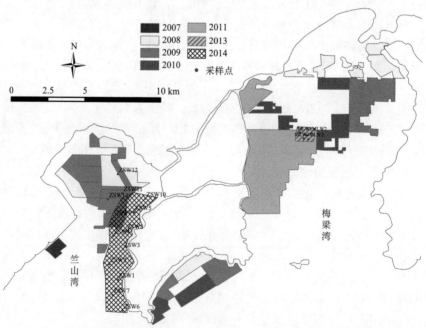

图 2-2 竺山湾和梅梁湾生态清淤工程实施区域分布、清淤时间和采样点分布

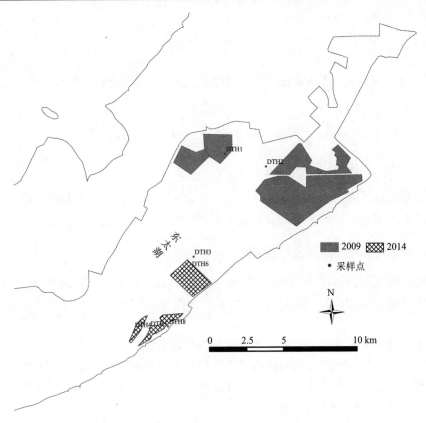

图2-3   东太湖生态清淤工程实施区域分布、清淤时间和采样点分布

3 引水工程生态影响监测与评估技术方法

3.1 太湖流域引水工程监测方案

3.1.1 监测范围界定

根据入湖河流与受水湖泊湖盆地形特征，确定引水工程水生态监测的空间范围。监测范围包括河流入湖口节制枢纽上游水域与受水湖泊水域。

3.1.2 初始监测断面与点位布设原则

监测断面与点位的布设参照《地表水与污水监测技术规范》（HJ/T 91—2002）和《水环境监测规范》（SL 219—2013）中湖泊与河流监测断面与采样点位布设原则。

各监测点位的具体位置总体上须能反映所在水域的生态环境特征；尽可能以最少的点位获取足够的有代表性的生态环境信息；同时还须考虑实际采样时的可行性和方便性。监测点位力求与水文测流断面一致，以便利用其水文参数，实现水生态监测与水量监测的结合。

实施引水工程的湖泊，应在入湖河流节制枢纽上游 500m 设立监测断面，点位数量取决于入湖河流的河宽和水深（表 3-1）。

表 3-1 入湖河流监测点位布设原则

水面宽度/m	水深/m	监测点位数/个	相对空间范围
<50	<5	1	河道中泓处，水面下 0.5m
	5～10	2	河道中泓处，水面下 0.5m，河底上 0.5m
	>10	3	河道中泓处，水面下 0.5m，1/2 水深，河底以上 0.5m
≥50	<5	3	河道左、中、右各 1 点，水面下 0.5m，左、右分别距两岸边陲 5～10m 处
	5～10	6	河道左、中、右各 2 点，分别为水面下 0.5m，河底上 0.5m，左、右分别距两岸边陲 5～10m 处
	>10	9	河道左、中、右各 3 点，分别为水面下 0.5m，1/2 水深，河底以上 0.5m，左、右分别距两岸边陲 5～10m 处

湖区可用网格法均匀设置监测断面，也应考虑进水区与岸边区。岸边区监测点位的布设参照河流岸边带点位布设方法（表3-1）。通常，在河流入湖口至湖心方向上，应设置至少3条监测轴线，分别是湖区中心和左右岸边轴线，每条轴线应至少设置5个监测断面。湖泊监测断面上监测点位的布设参照河道监测点位的布设原则（表3-1）。

选定的监测点位均应在地图上标明准确位置，并记录详细的经纬度数据。同时，用文字说明点位周围环境的详细情况，并配以照片。监测点位一经确认即不准任意变动。

3.1.3 监测时间与频次

依据湖泊气候、生态结构类型以及引水工程运行实际情况，确立引水工程监测时间与频次，力求以最低的监测频次，获得最具时间代表性的样品和现场监测数据，既能反映监测示范区的水文、水质以及生物情况，又要切实可行。

对于具有季节性生态效应的引水工程，在每年的丰、平、枯水期均需进行现场监测工作，每次监测工作的时间应分为三个阶段，分别为引水活动运行之前、运行期间与运行后。每个阶段可连续监测3~5次，每次均应监测水体理化性质，每个阶段的生物样品监测频次不少于3次。

引水活动运行之前的监测时间至少应包括运行前1天，其余监测频次的时间按实际监测需求而定；运行期间的监测时间应至少包括运行1天、运行最后1天，其余时间视引水活动的具体运行时长而定；运行后的监测时间应至少包括运行结束后1天。由于引水活动运行时间的不确定性以及研究工作对于引水活动反应的滞后性，实际监测过程中的监测时间选择也具有不确定性。

3.1.4 水生态监测指标

太湖流域重大生态修复工程水生态监测指标应包括监测水域形态与自然环境、监测水体理化环境以及主要水生生物资源（表3-2）。

表3-2 太湖流域引水生态修复工程河流与湖泊水生态监测指标

监测指标类别	监测指标
水域形态与自然环境	气温、日照、降雨量、风速、风向、河流入湖流量、湖泊水位
理化环境指标	水温、pH、溶解氧、总磷、高锰酸盐指数、总氮、氨氮、硝酸盐氮、叶绿素a、总有机碳、硅酸盐
水生生物资源	浮游藻类多样性、密度、生物量、群落组成

（1）河流与湖泊水域形态与自然环境指标参照《水文调查规范》（SL 196—2015）和《淡水生物资源调查技术规范》（DB43/T 432—2009），包括气温、日照、降雨、风速、风向、河流入湖流量、湖泊水位。

（2）河流与湖泊水体理化环境指标参照《水环境监测规范》（SL 219—2013），包括水体水温、pH、溶解氧、总磷、高锰酸盐指数、总氮、氨氮、硝酸盐氮浓度。结合太湖流域引水生态修复工程实际情况，水体理化环境指标还应包括水体叶绿素 a、总有机碳以及硅酸盐浓度。

（3）水生生物资源参照《淡水浮游生物调查技术规范》（SC/T 9402—2010），包括浮游藻类多样性、密度、生物量与群落组成。

3.1.5　样品采集与保存

河流与湖泊水体样品的采集与保存参照《水环境监测规范》（SL 219—2013）。浮游藻类样品采集、固定与保存参照《淡水浮游生物调查技术规范》（SC/T 9402—2010）。

3.1.6　监测指标检测方法

（1）河流与湖泊水域形态与自然环境指标的测定方法参照《水文调查规范》（SL 196—2015）、《河流流量测验规范》（GB 50179—2015）和《淡水生物资源调查技术规范》（DB43/T 432—2009）。

（2）水体理化环境指标中部分指标的检测方法参照《水环境监测规范》（SL 219—2013）地表水监测项目分析方法，包括水温、pH、溶解氧、总磷、总溶解性磷、高锰酸盐指数、总氮、氨氮、硝酸盐氮、总有机碳和叶绿素 a 浓度。水体活性硅酸盐浓度的测定方法采用杂多蓝法，参照《水和废水监测分析方法》。

（3）浮游藻类多样性、密度、生物量与群落组成的鉴定参照《淡水浮游生物调查技术规范》（SC/T 9402—2010）。

3.2　太湖流域引水工程水生态监测点位优化技术

3.2.1　敏感监测指标筛选

1. 监测指标的主成分分析

对引水工程运行期间监测水域各点位的水文和理化指标进行二维矩阵排列，输入数学统计分析软件（如 SAS、SPSS 等），通过基于湖泊水文和水体理化指标的主成分分析（principal component analysis，PCA），对众多监测指标进行筛选，获得能够最大限度代表引水过程中湖泊水文和理化环境空间分异特征的少数几个监测指标，作为引水生态修复工程水生态监测的部分敏感指标。

2. 监测指标的显著性检验

对监测水域监测点位水文和理化指标的均值进行 t 检验或方差分析，通过对比引水工程运行前、后各监测指标的差异，在 95% 或 99% 的置信度水平上，区分出具有显著性差异的监测指标，作为引水生态修复工程水生态监测的部分敏感指标。

3. 敏感监测指标筛选流程

太湖流域湖泊富营养化严重，蓝藻水华频发，引水工程作为改善流域内湖泊水生态环境的重要手段，对受水湖泊水体浮游植物种群和数量具有不同程度的影响，因此浮游植物的生物量、多样性以及群落结构和组成应作为引水生态修复工程水生态监测的敏感指标，结合以上两种方法筛选出的部分敏感指标，共同构成引水工程水生态监测的敏感指标体系（图 3-1）。

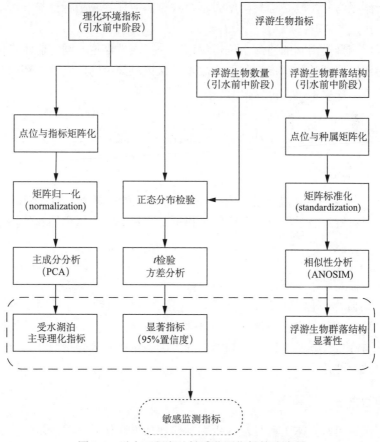

图 3-1 引水工程湖泊敏感监测指标筛选流程

3.2.2 基于敏感监测指标的点位优化方法

将敏感监测指标分为敏感生物指标和敏感非生物指标，对引水期间各监测点位生物和非生物敏感指标分别进行二维矩阵排列，形成两种矩阵。借助多元统计软件（如 SPSS、PRIMER 等）对两种矩阵分别进行聚类分析，生物指标矩阵的聚类分析基于监测样点的布雷-柯蒂斯相似性系数（Bray-Curtis similarity），非生物指标矩阵聚类分析基于监测样点的欧几里得距离（Euclidean distance）系数进行计算，聚类分析的结果以树状图谱的形式呈现。

基于生物指标矩阵的聚类分析结果在布雷-柯蒂斯相似性系数为 40%、60%以及 80%的水平上将各监测点位进行聚类分组，而基于非生物指标矩阵的聚类分析结果则在欧几里得距离系数为 2.0、4.0 和 6.0 的水平上将各监测点位进行聚类分组。

通常，监测点位生物指标的空间异质性要高于非生物指标，因此若生物指标聚类分析结果与非生物指标聚类结果不一致时，应以生物指标聚类分析的分组结果为准。

处于同一聚类组别的监测点位可保留一个代表性点位，同时监测点位的取舍也应考虑监测水域的物理形态与经济成本，保证以最少的监测点位获取足够的有代表性的生态环境信息。

3.3 太湖流域引水工程湖泊水生态效应评估方法

3.3.1 评估模式

引水工程湖泊水生态效应采用以湖泊水质以及浮游植物为代表的单因子指数法与基于系统生态学能质等概念的多指标综合指数法相结合的评估模式。

3.3.2 评估程序

引水工程湖泊水生态影响评估程序分为 5 个主要步骤：①引水工程河湖影响范围与原始监测点位布设；②结合引水工程调度实时运行情况确定监测时间；③监测河湖水域理化指标与浮游藻类群落指标监测；④敏感理化与浮游藻类群落指标筛选与确定；⑤基于敏感监测指标的单因子指数与综合指数法结合的引水工程水生态效应评估。

3.3.3 评估方法

太湖流域引水生态工程湖泊水生态效应评估方法如图 3-2 所示，分为单因子指数法与综合指数法，具体方法如下所述。

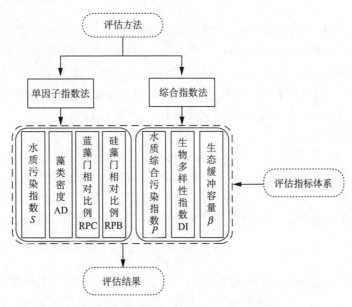

图 3-2　太湖流域引水生态工程湖泊水生态效应评估方法

1. 单因子指数法

通过对引水工程敏感的水质污染指数（standard index，S）、藻类密度（algae density，AD）、蓝藻门相对比例（relative proportion of Cyanophyta，RPC）和硅藻门相对比例（relative proportion of Bacillriophyta，RPB）指标从不同侧面评估引水工程对受水湖泊水质和浮游植物生产力、种群的影响。

（1）水质污染指数计算方法如下：

$$S_{i,j} = C_{i,j} / C_{si}$$

式中，$S_{i,j}$ 为标准指数；$C_{i,j}$ 为评价因子 i 在 j 点的实测统计代表值，mg/L；C_{si} 为评价因子 i 的评价标准限值，mg/L。

水质污染指数按照《地表水环境质量评价办法（试行）》《地表水环境质量标准》（GB 3838—2002）中III类标准值对水质进行评价。

（2）蓝藻门或硅藻门相对比例：

$$RPC_i = C_i / T_i, \quad RPB_i = B_i / T_i$$

式中，RPC_i、RPB_i 分别为 i 点蓝藻门或硅藻门相对比例；C_i、B_i 分别为 i 点蓝藻门或硅藻门的细胞密度，个/L；T_i 为 i 点浮游藻类总细胞密度，个/L。

2. 综合指数法

从湖泊受引水活动影响后的结构完整性、适应性和效率角度出发，采用 Jørgensen 等在系统生态学能质概念基础上构建的目标函数生态缓冲容量（ecological buffer capacity，β，一般情况为浮游植物对总磷的缓冲容量）、水质综合污染指数（P）以及生物多样性指数（diversity index，DI）多指标综合评价法，对太湖流域引水工程的湖泊水生态效应进行评估和分析。

1）生态缓冲容量 β

生态缓冲容量是生态系统状态变量的变化量与其所受外部胁迫的变化量之比。外部胁迫是指能影响湖泊生态系统状况的外部条件，比如污染物的排入和排出、引水工程外源物质的输入等。湖泊生态系统的状态变量是表征湖泊生态系统结构和功能的物理量，比如浮游植物生物量等。根据定义生态缓冲容量可表示为

$$\beta = \frac{1}{\delta(c)\,/\,\delta(f)}$$

式中，c 为状态变量；f 为外部胁迫；$\delta(c)$ 与 $\delta(f)$ 分别为生态系统遭受胁迫后状态变量与外部胁迫变量的变化量。生态缓冲容量反映湖泊生态系统的稳定性和弹性，负值为湖泊受外部胁迫向反方向演变。

2）水质综合污染指数 P

水质综合污染指数是全面评估水质污染程度的综合性指数，可弥补应用单因子水质指标评估水体水质时，评估不一致等缺陷，该指数可根据对象水体水质污染的特征选取代表性水质指标进行综合计算。本研究的代表性水质指标选取 pH、DO、TN、TP、NH_4-N、COD_{Mn} 共 6 个指标，各单项水质指标的污染指数的计算方法为

$$P_i = C_i\,/\,S_i$$

式中，C_i 为污染物实测浓度；S_i 为相应类别的标准值，水质污染指数按照《地表水环境质量评价办法（试行）》《地表水环境质量标准》（GB 3838—2002）中 III 类标准值对水质进行评价。

水质综合污染指数 P 的计算方法如下式：

$$P = \frac{1}{n}\sum_{i=1}^{n} P_i, \; n = 6$$

3）生物多样性指数 DI

一般认为，当水体受到污染后，生物群落往往出现种类减少而某些耐污性强的种类数量增加的趋势。浮游藻类生物多样性分别采用种属种类（S）、Margalef 丰富度指数（Margalef richness，d）、Shannon-Wiener 多样性指数（Shannon-Wiener index，H'）以及 Pielou 均匀度指数（Pielou eveness，J），利用软件 PRIMER E 进行计算，各指数计算公式如下（孙军与刘东艳，2004）：

Margalef 丰富度指数：$d = \dfrac{S-1}{\ln N}$；

Shannon-Wiener 多样性指数：$H' = -\sum\limits_{i=1}^{S} P_i \times \ln P_i$，$P_i = \dfrac{n_i}{N}$；

Pielou 均匀度指数：

$$J = \frac{H'}{H_{\max}}，\quad H_{\max} = \log_2 S$$

式中，S 为种属种类数目；N 为群落中所有个体数量；n_i 为群落中第 i 个种属的个体数量。

3.3.4 评估指标

（1）单因子指数法指标体系：

S：水质因子较对应评价标准限值的倍数；

PB：单位体积河湖水体中浮游植物的干重（mg/L）；

AD：单位体积河湖水体中浮游藻类细胞的数量（个/L）；

RPC：蓝藻门浮游藻类密度总和占浮游藻类总密度的比例（%）；

RPB：硅藻门浮游藻类密度总和占浮游藻类总密度的比例（%）；

（2）综合指数法指标体系：

β：以浮游植物生物量的变化作为状态变量，水体总磷含量的变化作为外部胁迫，计算湖泊生态缓冲容量。

P：选用 pH、DO、TN、TP、NH_4-N、COD_{Mn} 共 6 个指标来计算。

DI：用种属水平上的各种浮游藻类物种的细胞数计算生物多样性指数。

3.3.5 评估原则

1. 评估指标体系的选择应遵循的原则

（1）综合性与针对性原则。首先需明确不同引水工程对太湖流域不同湖泊生态环境造成的影响，然后在此基础上针对性地确定评估指标。引水工程水生态效应的评估指标体系需要有一定的科学理论作为基础，指标的概念应该有明确的定义，让水生态环境系统的客观特征得到一定程度的反映，尽量定量化，在综合性原则的指导下让不同工程的相同指标可以采用统一的评估标准。

（2）代表性与完备性原则。对于太湖流域引水生态修复工程而言，受水湖泊水文、水质以及浮游生物环境最易受到影响，因此评估指标的构建需要全面反映湖泊生态系统的质量状况和发展特征，客观评价引水工程的运行对水生态带来的影响。

（3）独立性原则。太湖流域的引水工程指标在度量水生态系统的过程中，信息重叠的情况很难避免，因此在确定评估指标时，需要尽量采用相对独立的指标。在全面反映水生态系统情况的前提下让指标间信息的重叠度降到最低。

2. 评估方法的运用应遵循的原则

（1）综合性原则。运用基于系统生态学能质概念的生态缓冲容量指标对引水工程湖泊水生态效应进行综合评估。如果生态缓冲容量绝对值较小，还需引入营养状态指数和生物多样性指数作为补充。

（2）互补性原则。在综合指数法基础上，以对引水工程敏感的湖泊浮游植物作为指示物种，借助浮游植物种群指标可从不同侧面更好地表征太湖流域引水生态工程的水生态效应。

3.3.6　评估结果

在上述评估过程基础上，通过显著性检验比较引水前、中两阶段受水湖区所有监测点位的各个评估指标值的大小，从多角度综合确定引水生态工程某一次引水活动对湖泊水生态环境的影响程度。

对受水湖区从空间上进行分类，如湖心区、岸边区、河流入湖口区等，分别通过显著性检验对比引水前、中两阶段受水湖区不同类别水域中所有监测点位的各评估指标值，进而确定引水活动湖泊水生态空间效应。

为全面评估太湖流域引水工程的湖泊水生态效应，应同时考虑不同季节条件下的引水活动，综合评估流域丰、平、枯水期期间的引水生态效应。

4　引水工程水生态影响监测点位优化

4.1　监测点位布设

依据 3.1.2 节河流与湖泊水生态监测点位的布设原则，本研究在距望亭水利枢纽上游河段处布设 3 个采样点位（R1~R3），点位名称分别为望亭水利枢纽（R1）、大角桥新桥（R2）以及漕湖北口（R3），用以监测望虞河来水的理化性质（图 4-1）。太湖地处亚热带季风区，夏秋季东南风盛行，贡湖湾西岸在盛行风向下易堆积水华，望虞河入湖口则更易受望虞河来水影响。湖区采样点布设如图 4-1所示，在贡湖湾西岸（W1~W5）、东岸（E1~E5）以及湾心轴线（G1~G5）分别等距离布设 5 个采样点，在湖心区布设 3 个监测点位（C1~C3），作为贡湖湾的参考点。

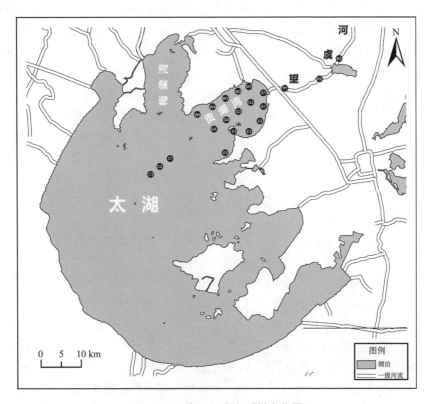

图 4-1　望虞河与太湖采样点位置

4.2　采样时间

根据 2013～2015 年望虞河引江济太工程的运行情况，选取每年的四个季度，即 2013 年的 1、4、7、8、11 月与 2014 年的 1、4、7、11 月以及 2015 年的 1、4、8、11 月中旬进行现场监测与样品采集，其中 2013 年 8 月中旬、2014 年 1 月中旬、2014 年 11 月中旬以及 2015 年 1 月中旬望虞河均有引水入湖活动，其余时间作为同季节的非引水期对照。主要分析丰（7、8 月）、平（11 月）、枯水期（1 月）望虞河引水入湖对太湖受水湖区水环境要素时空分布格局的影响，监测时间均从早上 9:00 开始，中午 12:00 前结束。

4.3　敏感理化指标筛选

对冬、夏、秋季引水期与非引水期贡湖湾水体水温、DO、浊度（Tur）、pH、COD_{Mn} 以及 Chl a 的均值进行比较（图 4-2），结果表明：不同季节引水期与非引水期水温、DO 以及 Chl a 的均值均有显著性差异（$p<0.05$，图 4-2（a），（b），（f）），秋季浊度与冬季的 pH 差异不显著，夏季 COD_{Mn} 差异显著（图 4-2（c），（d），（e））。

不同季节下望虞河河水水温均略高于湖心区，同时贡湖湾各样点水温值也处于望虞河河水水温与湖心水温之间（图 4-2（a）），冬季枯水期（2014 年 1 月）与秋季平水期（2014 年 11 月）河水水温分别较湖水高 6.3～8.1℃和 3.4～5.2℃。现行望虞河引水流量下，平水期与枯水期引水对太湖水体水温的影响不仅仅局限于望虞河入湖口水域，G1、W1、E1 三点位于该水域，枯水期与平水期水温均值分别为 8.3℃和 16.8℃，贡湖湾其他水域水温均值分别为 6.5℃和 15.4℃，而湖心区的水温分别为 5.6℃和 14.4℃。引水期贡湖湾水温高于湖心区，秋冬季引水会提升贡湖湾水域的水温，水温从望虞河入湖口至贡湖湾湾口处逐渐递减，贡湖湾湾口水温与湖心区相近。

与水温相反，望虞河河水溶解氧 DO 含量低于贡湖湾以及湖心区，秋、冬季湖心区水体 DO 含量分别为 11.0mg/L 和 12.5mg/L，分别较望虞河水体 DO 含量高 4.3mg/L 和 2.0mg/L，而与贡湖湾水体 DO 平均含量并无明显差异，仅分别高 1.3mg/L 和 0.5mg/L。受望虞河来水影响最为明显的水域为望虞河入湖口，水体 DO 含量显著低于湖湾其他水域（One-way ANOVA，$p<0.05$），低温季节引水对贡湖湾水体 DO 含量的降低效应仅限于贡湖湾小范围水域。尽管夏季引水期望虞河 DO 含量仍低于湖心区，但贡湖湾 DO 含量显著高于非引水期，同时也高于湖心区，这与夏季贡湖湾生物量显著增加、水体光合作用增强有关联。

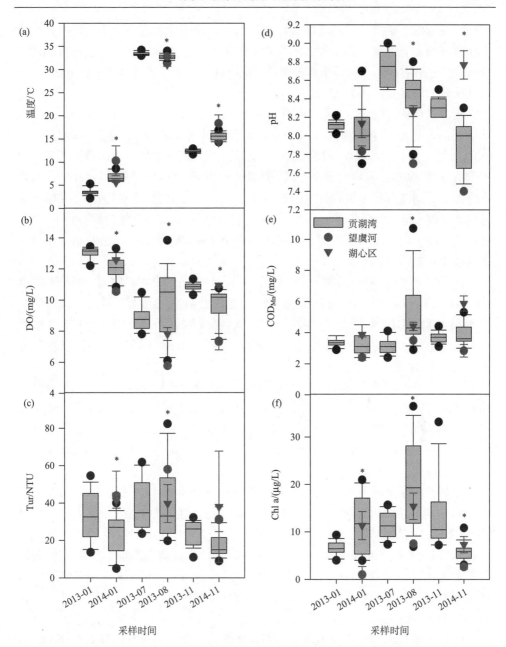

图 4-2　同季节引水期与非引水期贡湖湾水体部分生化参数均值比较

*代表差异显著（$p < 0.05$）

　　虽然冬季与夏季引水期与非引水期贡湖湾浊度差异显著，但贡湖湾绝大多数样点的浊度值范围并不处于望虞河与湖心区浊度值之间，相反，秋、冬季节贡湖湾的浊度却低于望虞河与湖心区（图 4-2（c）），表明望虞河引水不是影响贡湖湾水体浊度的主导因素。由于望虞河河水 pH 显著低于太湖，这对引水期贡湖湾水体 pH 产生影响，夏、秋季引水期湾内水体 pH 显著低于非引水期（$p<0.05$），尤以秋季最为明显（图 4-2（d））。

夏季引水期 COD_{Mn} 值显著高于非引水期，但望虞河与湖心区 COD_{Mn} 值则低于贡湖湾，这与夏季东南风引起的贡湖湾西岸蓝藻水华堆积导致西岸部分样点 COD_{Mn} 值偏高有关，表明望虞河引水不是影响贡湖湾 COD_{Mn} 值的唯一因素。秋冬季贡湖湾 COD_{Mn} 值均低于湖心区，且高于望虞河，表明秋冬季引水在一定程度上降低了贡湖湾有机污染物浓度（图 4-2（e））。与之类似，望虞河河水 Chl a 含量也低于湖心区，但夏冬季引水由于受风浪扰动干扰，贡湖湾湾内部分样点 Chl a 含量显著高于湖心区，使得引水期贡湖湾整个水域 Chl a 含量均值显著高于非引水期（图 4-2（f））。

不同季节引水期贡湖湾水体 TN、NO_3-N 以及 TP 均显著高于非引水期（图 4-3（a），（c），（d）），这与望虞河河水氮磷营养盐含量显著高于太湖有关。秋季引水期 NH_4-N 含量与冬季 SiO_3-Si 含量均显著高于同季节非引水期（图 4-3（b），（f）），秋冬季引水期 SRP（溶解性反应磷）含量与非引水期并无显著性差异（图 4-3（e））。

不同季节引水期贡湖湾水体理化参数的主成分分析如图 4-4 所示，夏季引水期贡湖湾水体理化参数前三个主成分可解释 81.0% 的理化参数，其中第一主成分可代表 48.6% 的理化参数，COD_{Mn}、NO_3-N、TN、TP 以及浊度与第一主成分相关性最高，第二主成分代表了 18.0% 的水体理化参数，其中 DO、pH 以及 Chl a 与之相关性较高（图 4-4（a））。

冬季引水期贡湖湾水体理化参数的前三个主成分共解释了 85.9% 的参数特征，其中第一主成分解释了 62.5% 的参数，与之相关性较高的理化指标包括 SRP、NH_4-N 以及水温，第二主成分解释了 12.5% 的理化参数，代表性理化参数包括 pH、TN、Chl a 以及 TOC（图 4-4（b））。秋季引水期水体理化参数的前三个主成分解释了 81.1% 的参数特征，与第一主成分相关性较高的理化参数包括 pH、SRP、DO，而第二主成分的代表性指标包括浊度、COD_{Mn}、TP 以及 NO_3-N（图 4-4（c））。

结合上述引水期与非引水期贡湖湾理化参数的差异，TN、TP、NO_3-N、SiO_3-Si、COD_{Mn}、Chl a 以及 TOC 为贡湖湾对望虞河引水响应的敏感水体理化参数，其中 COD_{Mn}、Chl a 以及 TOC 为有机污染代表性指标。

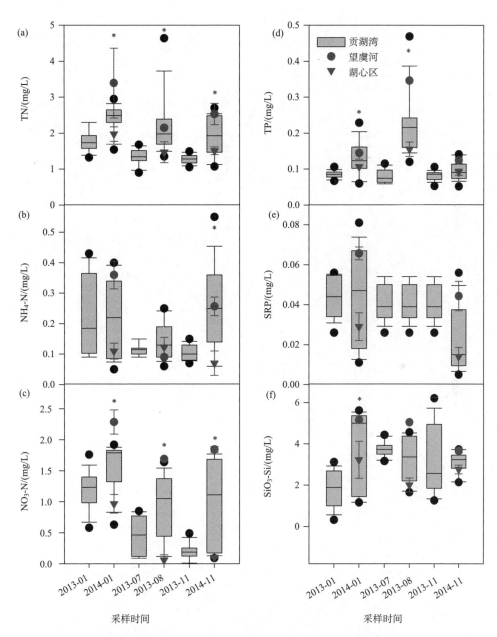

图 4-3 同季节引水期与非引水期贡湖湾水体化学参数均值比较

*代表差异显著（$p < 0.05$）

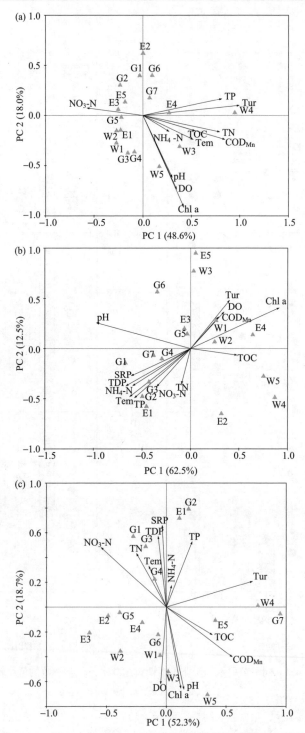

图 4-4 夏（a）、冬（b）、秋（c）季引水期贡湖湾水体理化参数主成分分析

4.4 监测点位优化

4.4.1 基于示范区敏感理化指标的点位优化

对 2013～2015 年四个季度代表性月份示范区各监测点位理化指标的欧几里得距离矩阵进行聚类分析（图4-5～图4-16），结果显示：示范区监测点位水体理化性质呈现明显的空间异质性，引水期与非引水期监测点位水体理化性质的相近程度不同，引水期形成了以望虞河入湖口与贡湖湾湾口差异最为显著的点位分类模式，非引水期各监测点位间的水体理化性质则较为随机。引水期与非引水期相邻点位在欧氏距离为 2.0 的分类水平上均更为相近，而在欧氏距离为 4.0 的分类水平上，则形成了望虞河入湖口、湾心以及湾口三个监测点位群。

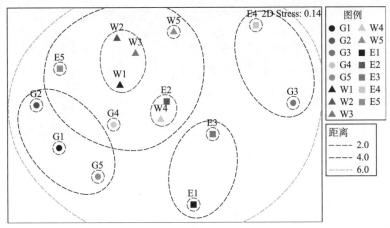

图 4-5 2013 年 1 月各监测点位水体理化指标欧氏距离矩阵的聚类分析图

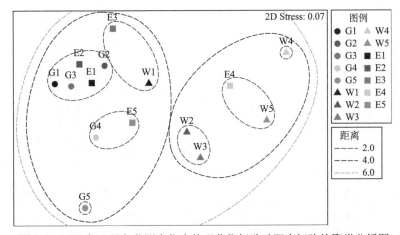

图 4-6 2013 年 4 月各监测点位水体理化指标欧氏距离矩阵的聚类分析图

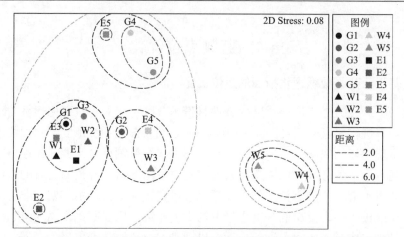

图 4-7　2013 年 8 月各监测点位水体理化指标欧氏距离矩阵的聚类分析图

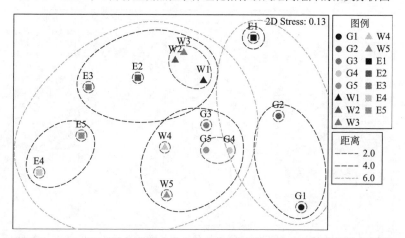

图 4-8　2013 年 11 月各监测点位水体理化指标欧氏距离矩阵的聚类分析图

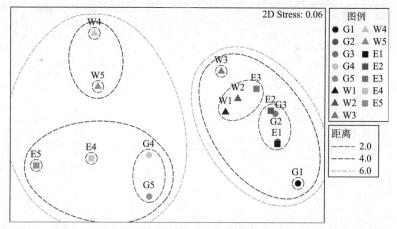

图 4-9　2014 年 1 月各监测点位水体理化指标欧氏距离矩阵的聚类分析图

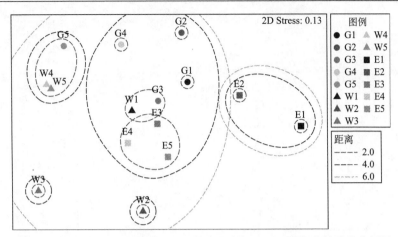

图 4-10　2014 年 4 月各监测点位水体理化指标欧氏距离矩阵的聚类分析图

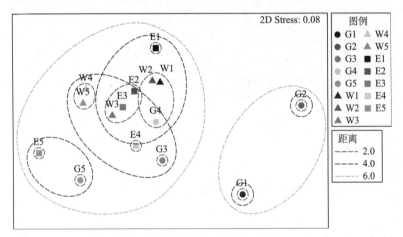

图 4-11　2014 年 7 月各监测点位水体理化指标欧氏距离矩阵的聚类分析图

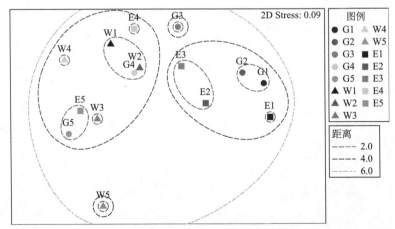

图 4-12　2014 年 11 月各监测点位水体理化指标欧氏距离矩阵的聚类分析图

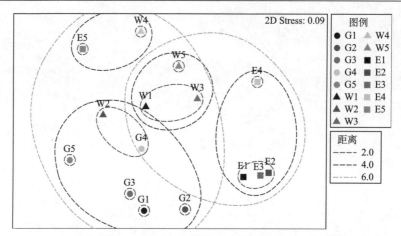

图 4-13 2015 年 1 月各监测点位水体理化指标欧氏距离矩阵的聚类分析图

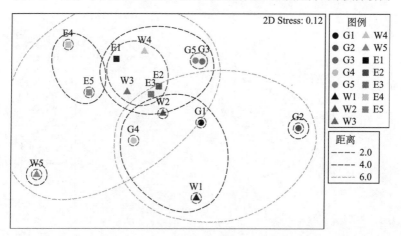

图 4-14 2015 年 4 月各监测点位水体理化指标欧氏距离矩阵的聚类分析图

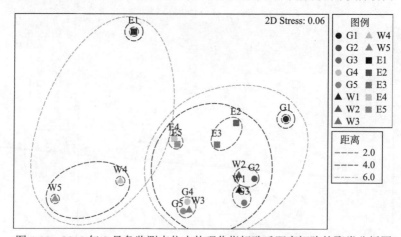

图 4-15 2015 年 8 月各监测点位水体理化指标欧氏距离矩阵的聚类分析图

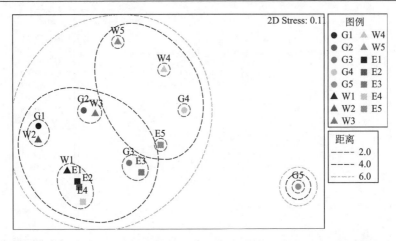

图 4-16　2015 年 11 月各监测点位水体理化指标欧氏距离矩阵的聚类分析图

同时，数据分析结果还显示，不同的欧氏距离分类水平下，示范区监测点位的水体理化性质分类结果不同。在欧氏距离为 2.0 的分类水平下，每 2.5km 距离间隔内两点的水体理化性质差异较小，可以考虑据此进一步筛选监测点位。而在欧氏距离大于 4.0 的水平上，示范区则可以分为几个区域，引水期以望虞河入湖口、湾心以及湾口为三个典型水域。

4.4.2　基于示范区浮游藻类群落指标的点位优化

对 2013～2015 年四个季度代表性月份示范区各监测点位浮游藻类群落指标的布雷-柯蒂斯相似性矩阵进行聚类分析（图 4-17～图 4-26），结果显示：示范区监测点位浮游藻类群落结构也呈现明显的空间异质性，引水期与非引水期监测点

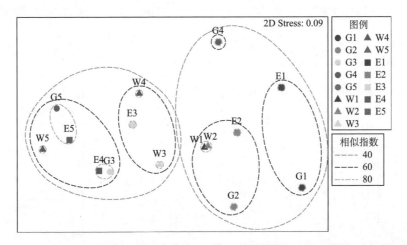

图 4-17　基于 2013 年 1 月各监测点位浮游藻类群落结构 Bray-Curtis 相似性矩阵的聚类分析图

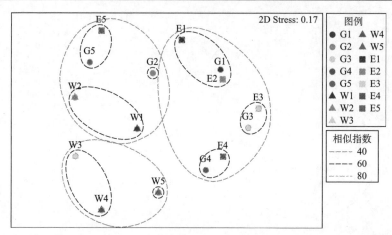

图 4-18　基于 2013 年 4 月各监测点位浮游藻类群落结构 Bray-Curtis 相似性矩阵的聚类分析图

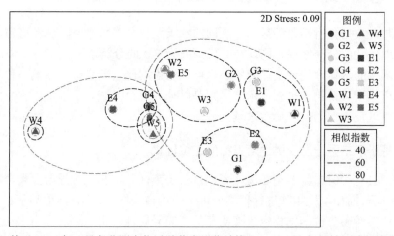

图 4-19　基于 2013 年 8 月各监测点位浮游藻类群落结构 Bray-Curtis 相似性矩阵的聚类分析图

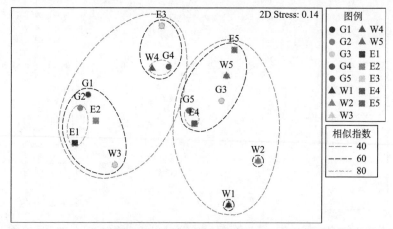

图 4-20　基于 2013 年 11 月各监测点位浮游藻类群落结构 Bray-Curtis 相似性矩阵的聚类分析图

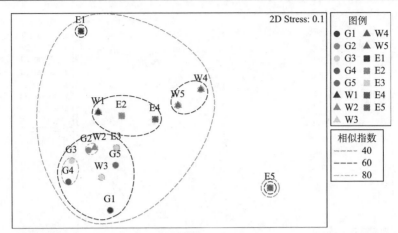

图 4-21　基于 2014 年 1 月各监测点位浮游藻类群落结构 Bray-Curtis 相似性矩阵的聚类分析图

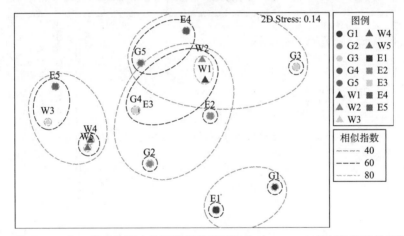

图 4-22　基于 2014 年 4 月各监测点位浮游藻类群落结构 Bray-Curtis 相似性矩阵的聚类分析图

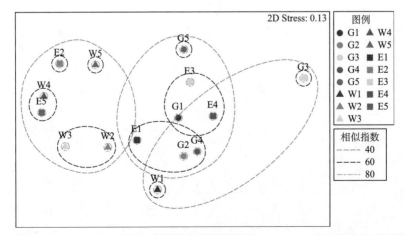

图 4-23　基于 2014 年 7 月各监测点位浮游藻类群落结构 Bray-Curtis 相似性矩阵的聚类分析图

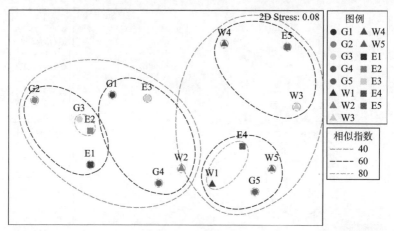

图 4-24　基于 2014 年 11 月各监测点位浮游藻类群落结构 Bray-Curtis 相似性矩阵的聚类分析图

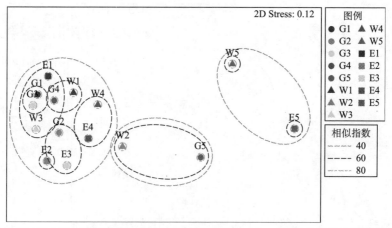

图 4-25　基于 2015 年 1 月各监测点位浮游藻类群落结构 Bray-Curtis 相似性矩阵的聚类分析图

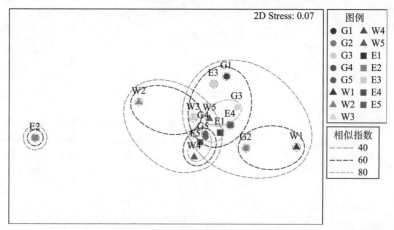

图 4-26　基于 2015 年 4 月各监测点位浮游藻类群落结构 Bray-Curtis 相似性矩阵的聚类分析图

位浮游藻类群落结构的相近程度不同，引水期形成了以望虞河入湖口与贡湖湾湾口差异最为显著的点位分类模式，非引水期各监测点位间的浮游藻类群落机构则较为随机。引水期与非引水期相邻点位在相似性为60%的分类水平上均更为相近，而在相似性为40%的分类水平上，则形成了望虞河入湖口、湾心以及湾口三个监测点位群。相似性为80%的情况下，各监测点位浮游藻类群落结构均差异显著。

与基于示范区各监测点位水体理化性质分析的结果一致，在相似性为60%的情况下，每2.5km距离间隔内两点的浮游藻类群落结构相近，尽管在80%的相似性水平上，几乎各监测点位浮游藻类群落结构的差异都显著。贡湖湾水域生态系统的结构较复杂，西岸带为藻型生态系统，而东岸带局部水域则为草型生态系统，加之引水水动力所引发的贡湖湾局部水域湖流流场的不同，使得贡湖湾内部浮游藻类的生境呈现明显的空间异质性，这可能是各监测点位浮游藻类差异均显著的重要原因。

从监测成本角度考虑，引水工程水生态效应的监测点位的优化可选取欧氏距离4.0或相似性系数40%分类水平的优化结果，即以望虞河入湖口、湾心以及湾口为三个区域，每个区域选取1个代表性点位；如果考虑以上三个区域的具体情况，可选择欧氏距离2.0或相似性系数60%分类水平的优化结果，即在本研究的原始布点基础上，相邻监测点位选取1个代表性点位。同时，还应综合考虑湖湾岸边带生态系统生物多样性的边际效应以及太湖不同季节风向的影响，不同季节选取监测分类区域中最具代表性的监测点位。

4.4.3 示范区跟踪监测点位布设优化方案

鉴于以上聚类分析结果，同时考虑各监测点位的空间分布与生态功能，将引水工程生态效应的监测点位布设方案进行优化，初步筛选了能够反映示范区水生态效应的代表性监测点位。其中，贡湖湾每两个点位的距离间隔由原先的2.5km调整为5km。

作为望虞河源水的唯一监测点位，望虞河点位R应保留。作为对引水活动最为敏感的水域，望虞河入湖口原先的G1监测点予以保留。考虑到引水过程中，贡湖湾水体生态要素沿望虞河入湖口至湾口呈现明显空间梯度变化，故在望虞河湾心沿线也保留3个监测点位（G1、G3、G5），而湖心区作为参考水域，保留原先C1监测点位。因贡湖湾东、西岸边带为两种生态系统结构，同时夏季东南季风影响较大，故各保留1个监测点位（W3与E3）。

4.5 本 章 小 结

（1）TN、TP、NO$_3$-N、SiO$_3$-Si、COD$_{Mn}$、Chl a以及TOC为贡湖湾对望虞河

引水响应的敏感水体理化参数，其中 COD_{Mn}、Chl a 以及 TOC 为有机污染代表性指标。

（2）基于监测点位水体理化指标与浮游藻类群落指标的聚类分析结果一致，从监测成本角度考虑，引水工程水生态效应的监测点位的优化可选取欧氏距离 4.0 或相似性系数 40%分类水平的优化结果，即以望虞河入湖口、湾心以及湾口为三个区域，每个区域选取 1 个代表性点位；如果考虑以上三个区域的具体情况，可选择欧氏距离 2.0 或相似性系数 60%分类水平的优化结果，即在本研究的原始布点基础上，相邻监测点位选取 1 个代表性点位。

（3）监测点位优化还应综合考虑湖湾岸边带生态系统生物多样性的边际效应以及太湖不同季节风向的影响，不同季节选取监测分类区域中最具代表性的监测点位。

5　太湖流域引水工程水生态效应评估

5.1　引江济太工程引水概况

引江济太工程从 2002 年开始试运行，进行了一系列引排水试验，2007 年开始常态化运行，引水通道主要是望虞河。望虞河引水工程调度受长江潮位、太湖水位、地区需水和沿岸河网河道污染状况等多种因素的影响。当太湖水位高于相应防洪控制水位时，按照《太湖流域洪水调度方案》调度，望虞河排水；当太湖水位低于相应调水限制水位时，常熟水利枢纽引水。调水引流期间，当常熟水利枢纽自引能力不足时，开启常熟水利枢纽泵站抽引长江水，但主汛期一般不考虑泵站抽引，以确保流域防洪安全；望虞河东岸引水总量不超过 50m^3/s；当望亭立交闸下水质达到或优于地表水Ⅲ类标准时，望亭水利枢纽开闸向太湖引水，否则关闭望亭水利枢纽，等水质指标达到要求后再开启望亭水利枢纽向太湖引水。引水调度水质评价指标为 COD$_{Mn}$、TP、TN、NH$_4$-N。

通常，根据太湖流域防汛规划，全年划分成 4 个时段，即汛前期（4 月 1 日～6 月 15 日）、主汛期（6 月 16 日～7 月 20 日）、汛后期（7 月 21 日～9 月 30 日）、非汛期（10 月 1 日～次年 3 月 31 日）。从 2007 年开始，望虞河引水入湖活动主要发生在非汛期，即秋季和冬季（图 5-1），最高入湖流量 253 m^3/s，最低流量 6.9 m^3/s，平均入湖流量 90.6m^3/s。个别年份因春夏季干旱，太湖水位低于引江济太调水限

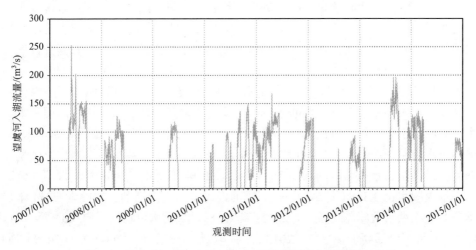

图 5-1　2007 年 1 月～2014 年 12 月望虞河引水入湖流量动态

制水位时，也会开展引水活动，如 2013 年 7 月 22 日～10 月 5 日（图 5-2）。2007～2014 年望虞河单次引水持续时间最长超过 200 天，从 2010 年 10 月 10 日到 2011年 6 月 9 日连续引水，而最短持续引水时间仅为 3 天。通常单次引水持续时间为2 个月。

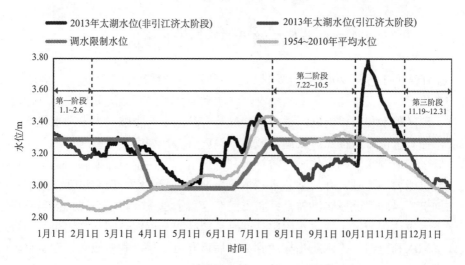

图 5-2　2013 年引江济太时段与太湖水位变化

　　2013 年引江济太望虞河引水入湖分为三个阶段：第一阶段（1 月 1 日～2 月6 日）、第二阶段（7 月 22 日～10 月 5 日）以及第三阶段（11 月 19 日～12 月 31日）（图 5-2），夏季单次引水持续时间最长，三季节单次引水持续时间均为 1～3个月。第一阶段最高引水流量 72 m^3/s，平均引水流量 46 m^3/s；第二阶段引水时间跨度较长，最高引水流量 197 m^3/s，平均引水流量 141 m^3/s；第三阶段处于秋冬交接时期，最高引水流量 119 m^3/s，平均引水流量 76 m^3/s。从各引水阶段太湖水位的变化趋势可以看出，三个阶段引水期间并未使太湖水位有显著回升，这不仅与太浦闸下泄流量有关，引江济太引水流量较小也是重要原因。

　　2014 年引江济太共分为两阶段引水入湖（图 5-3），第一阶段（1 月 1 日～3月 27 日），最高引水流量为 136 m^3/s，平均引水流量 104 m^3/s，引水过程中太湖水位有明显上升；第二阶段（10 月 24 日～12 月 31 日）引水处于秋冬季枯水期，最高引水流量 90 m^3/s，平均引水流量为 71 m^3/s，引水过程中太湖水位总体呈下降趋势，两次引水持续时间均为 2～3 个月。2014 年夏季（7～8 月）太湖水位高于引水限制水位 3.3m（图 5-3），故望虞河没有引水入湖活动。2013 与 2014 年夏季与冬季太湖水位相差均较大，2013 年 7～8 月太湖水位均低于 3.4m，而 2014年 7～8 月则全部高于该水位；2013 年冬季水位基本高于 3.2m，而 2014 年同期则基本低于 3.1m。湖泊水位的高低对湖泊水质有重要影响，不考虑外源输入等因素，高水位会对湖体水质指标的浓度起到一定的稀释作用。

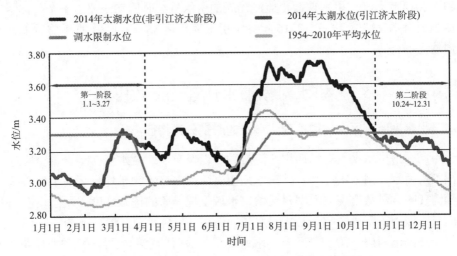

图 5-3 2014 年引江济太时段与太湖水位变化

5.2 监测湖区气象与湖流概况

野外调查期间贡湖湾水域的风向、风级、湖流方向以及引水持续时间情况如表 5-1 所示，监测期间不同季节的风向均有所不同，且以 3～4 级风为主。夏季为

表 5-1 监测期间贡湖湾气象、湖流流向及引水持续时间

监测时间	风向	风级	湖流流向	引水时长/d
2013-01-10	北	3～4	西南	—
2013-04-15	西南	3～4	东	—
2013-07-24	东南	3～4	西	—
2013-08-18	东南	3～4	西	28
2013-11-18	南	3～4	西北	—
2014-01-14	西北	2～3	无	14
2014-04-23	东北	3～4	西南	—
2014-11-21	西南	2～3	无	29
2015-01-17	北	3～4	东南	86
2015-04-22	东南	2～3	北	—
2015-08-19	东南	3～4	西北	—
2015-11-27	无	无	无	引 13 天停 2 天

3～4 级的东南风，受此影响，贡湖湾湖流呈较为明显的由东向西流向；秋、冬季贡湖湾风向多以偏西风为主，监测期间风级较小（2～3 级），对湖流的影响较小。2013～2014 年，三个引水期截止监测当天的引水持续时间均未超出 1 个月，冬季监测当天引水仅持续 14 天。2015 年冬季引水期长达 86 天。12 次监测前后 1 天范围内均无降雨。

5.3　引水对湖泊水体理化参数影响

5.3.1　引水期监测区水体敏感理化参数的时空分异特征

不同季节引水期贡湖湾西岸、湾心轴线以及东岸水域水体 TN 含量空间分布如图 5-4 所示。由于丰、平、枯三水期望虞河河水 TN 含量均显著高于湖心区，贡湖湾 TN 含量从望虞河入湖口至湾口水域呈现显著的递减梯度，夏季贡湖湾西岸湾口水域因东南风影响，易堆积水华，造成 TN 含量突然增高（图 5-4（a））。夏秋季贡湖湾西岸、湾心以及东岸水域均呈现显著的空间差异，夏季西岸带 TN 含量较高，湾心最低，而秋季则明显相反（One-way ANOVA，$p<0.05$）。

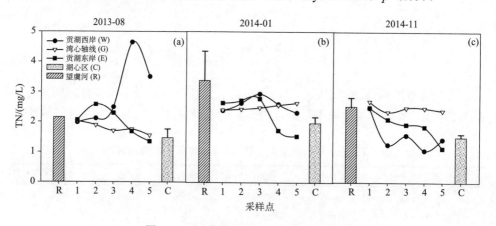

图 5-4　引水期监测区 TN 含量空间分布

引水期贡湖湾水体 NO_3-N 含量的空间分布特征也呈现从望虞河入湖口处向贡湖湾湾口递减的趋势（图 5-5），但与 TN 不同的是，夏季贡湖湾西岸带 NO_3-N 含量显著低于湾心轴线（图 5-5（a），$p<0.05$），这与 TN 含量主要受湖流引起的藻华堆积影响，而溶解性营养盐受湖流迁移影响较小有关。同样，秋、冬季引水期贡湖湾湾心轴线水域 NO_3-N 含量也最高（图 5-5（b），（c））。

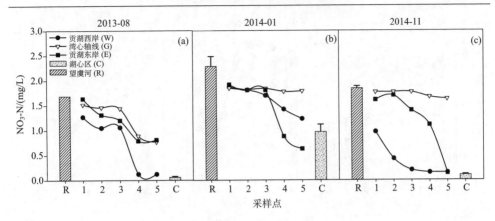

图 5-5 引水期监测区 NO₃-N 含量空间分布

与 TN 含量趋势相似,贡湖湾水域 TP 含量在不同季节的引水期均呈现类似的空间分布梯度(图 5-6)。除夏季引水期贡湖湾西岸 TP 含量显著高于湾心轴线外(图 5-6(a),$p<0.05$),秋冬季引水期湾心轴线 TP 含量均较高(图 5-6(b)、(c)),冬季较为显著($p<0.05$)。

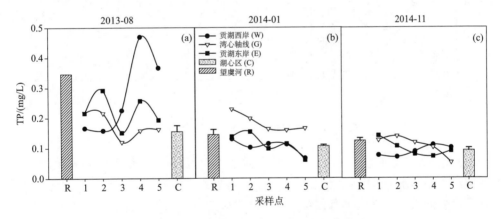

图 5-6 引水期监测区 TP 含量空间分布

三季节引水期贡湖湾水体 SiO₃-Si 含量均呈现从望虞河入湖口至湾口递减的空间分布特征(图 5-7),但西岸、湾心以及东岸在不同季节下均无显著性差异。

丰、平、枯水期望虞河引水期间贡湖湾西岸、湾心轴线以及东岸水体的 Chl a 含量均呈现显著的空间梯度,Chl a 浓度从望虞河入湖口至湾口逐渐升高(图 5-8)。夏季贡湖湾湾口的 Chl a 含量均值为 27.3μg/L,是望虞河入湖口 Chl a 含量的 2.3 倍(图 5-8(a)),而冬季和秋季贡湖湾口 Chl a 含量分别是望虞河入湖口的 3.5

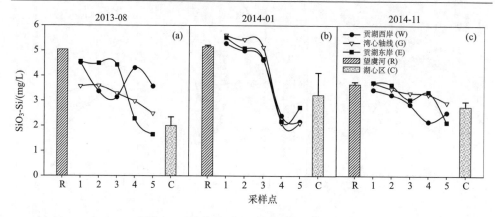

图 5-7　引水期监测区 SiO_3-Si 含量空间分布

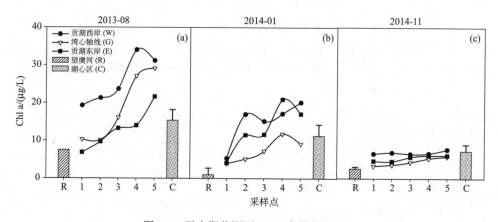

图 5-8　引水期监测区 Chl a 含量空间分布

和 1.3 倍（图 5-8（b），(c)）。望虞河水体 Chl a 含量均明显低于贡湖湾水体，与望虞河入湖口水域 Chl a 含量相近。随着外源客水的不断输入，贡湖湾水体 Chl a 含量显著降低，短期内可有效缓解贡湖湾水域的蓝藻水华灾害，消除"湖泛"危机。夏季引水期间，由于东南风盛行，贡湖湾湖流呈自东向西流向，西岸 Chl a 显著高于湾心以及东岸带（图 5-8（a），$p<0.05$)，且不同季节引水期间西岸 Chl a 均显著高于湾心轴线水域（图 5-8，$p<0.05$)。

　　不同季节引水期间，太湖贡湖湾 COD_{Mn} 含量也呈现出自望虞河入湖口向贡湖湾湾心递增的空间分布特征，望虞河 COD_{Mn} 含量与入湖口处含量相近（图 5-9）。夏季引水期西岸带 COD_{Mn} 含量均值显著高于湾心以及东岸，这与西岸湾口水域 COD_{Mn} 含量较高有关（图 5-9（a））。除夏季外，秋、冬季引水期贡湖湾西岸、湾心以及东岸水域 COD_{Mn} 含量均无显著差异（图 5-9（b），(c)）。

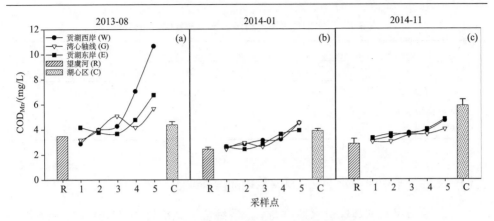

图 5-9　引水期监测区 COD_{Mn} 含量空间分布

与 COD_{Mn} 含量的空间分布特征相似，引水活动也使得贡湖湾水体 TOC 含量呈现梯度分布（图 5-10）。夏、秋、冬季引水期间，贡湖湾湾口水域 TOC 含量分别是望虞河入湖口水域的 2.8 倍、1.5 倍和 1.9 倍。夏季引水期间，贡湖湾西岸带 TOC 含量低于湾心轴线（图 5-10（a）），而秋、冬季节引水期间西岸、湾心以及东岸带 TOC 含量均无显著性差异（图 5-10（b），（c））。

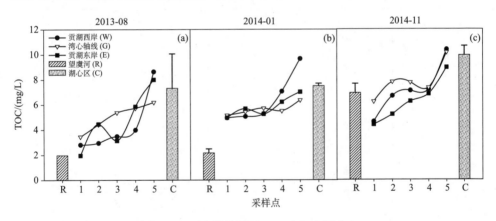

图 5-10　引水期监测区 TOC 含量空间分布

2013~2014 年丰、平、枯水期引水活动对贡湖湾 Chl a、COD_{Mn} 以及 TOC 含量的去除效率表明，平水期引水对贡湖湾 3 种水质指标的去除效率均为最高，枯水期次之。夏季引水对贡湖湾 Chl a 浓度的去除效果也较为显著。总体来说，丰、平、枯水期引水均对水体 COD_{Mn} 的去除效果最为明显（表 5-2），引水能够有效改善贡湖湾水域有机污染，降低饮用水安全风险。

表 5-2　引水期贡湖湾有机污染指标含量的改善效率

监测季节	改善效率/%		
	Chl a	COD$_{Mn}$	TOC
夏季（丰水期）	42.7	51.1	35.8
冬季（枯水期）	24.0	60.5	48.3
秋季（平水期）	51.4	83.4	57.9

5.3.2　季节性引水对受水湖区水环境影响的综合评估

不同季节引水期与非引水期贡湖湾水质综合污染指数 P 的均值如图 5-11 所示，冬、夏、秋三季引水期 P 值均显著高于同季节非引水期（One-way ANOVA，$p<0.05$）。望虞河引水水质综合污染指数均高于湖心区，且贡湖湾 P 值处于望虞河与湖心区 P 值之间，表明望虞河引水有加重贡湖湾水质污染风险的可能。由于望虞河引水对改善贡湖湾有机污染有显著作用，引水期贡湖湾水质综合污染指数的增加主要归因于望虞河来水氮磷营养盐的输入，且主要影响区域为望虞河入湖口水域。

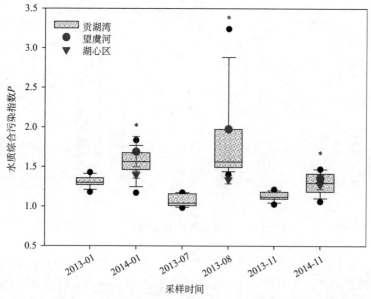

图 5-11　不同季节引水期与非引水期贡湖湾水质综合污染指数 P 均值比较

*代表差异显著（$p<0.05$）

与 TN 趋势相似，不同季节引水期贡湖湾水质综合污染指数 P 呈现从望虞河入湖口至湾口递减的空间分布特征（图 5-12）。夏季引水期，贡湖湾西岸湾口 P

值呈现高值，这与该水域 TN 等营养盐浓度较高有关，这也造成了贡湖湾西岸 P
值显著高于湾心轴线（$p<0.05$，图 5-12（a））。此前的研究也表明（吕学研，2013），
夏季东南风前提下望虞河引水会使贡湖湾湖流形成向西岸湾口的流场，这会造成
湾内藻华等污染物随湖流汇聚在该水域，从而造成该水域污染物浓度明显高于贡
湖湾其他水域。秋冬季在非东南风的情况下，西岸带没有出现污染物聚集的现象，
由于引水作用，湾心污染指数的值相对较高（图 5-12（b），（c））。

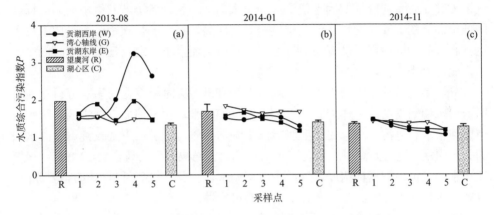

图 5-12 引水期监测区水质综合污染指数 P 的空间分布

引水期贡湖湾水体生态缓冲容量 β 的空间分布特征如图 5-13 所示，夏季引水
期贡湖湾西岸生态缓冲容量都为正值（图 5-13（a）），表明贡湖湾水生态系统在
引水磷输入或输出胁迫下呈现向正方向演变的趋势，而贡湖湾湾心与东岸带均为
负值，生态系统在引水胁迫下呈现负方向的演变，生态系统表现出不稳定的态势。
秋冬季引水期贡湖湾生态缓冲容量值大多呈负值（图 5-13（b），（c）），秋冬季引
水对贡湖湾生态系统影响较为明显。

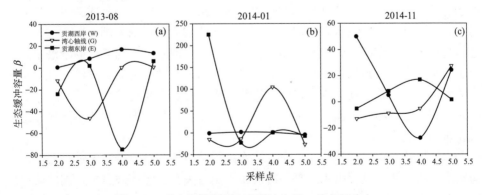

图 5-13 引水期贡湖湾生态缓冲容量 β 的空间分布

　　太湖地处亚热带季风气候区，夏季水温、光照、营养盐等环境条件更易引发蓝藻水华。在东南风影响下，北部湖湾水华堆积，藻细胞密度显著高于太湖开敞水域以及东部湖区（吴挺峰等，2012）。贡湖湾是无锡市重要的饮用水水源地，西岸分布多个大型水厂取水口，保障饮用水安全成为贡湖湾水生态环境保护工作的重要内容。夏季引水对缓解贡湖湾蓝藻水华的堆积具有显著的成效，望虞河河水夏季 Chl a 含量显著低于贡湖湾以及湖心区，在 3～4 级东南风的不利影响下，贡湖湾 Chl a 含量的降低归因于望虞河的引水活动。秋、冬季节的引水活动同样会降低贡湖湾的 Chl a 含量，但秋季效果更为明显，这可能与秋季监测时望虞河已运行较长时间的引水活动有关，提示在现行引水流量下，适当延长引水时间对预防贡湖湾藻类有机污染风险的效果更佳。

　　夏、冬、秋季望虞河引水对太湖贡湖湾有机污染时空变化的影响分析结果表明，引水期间贡湖湾水体 Chl a、COD$_{Mn}$、TOC 平均含量都低于湖心区。引水期望虞河来水有机污染指标的浓度明显低于湖泊水体，是引江济太改善贡湖湾水质的关键因素。这与西湖引水改善有机污染的研究结果一致（马玖兰，1996），钱塘江江水的有机污染指标浓度也远低于西湖湖水，是西湖引水工程收效的重要原因，也证明引长江水对于改善太湖有机污染的可行性。

　　通常，引水期望虞河主河道水质要优于非引水期。长江水先由常熟水利枢纽进入望虞河，形成对望虞河沿岸高污染河流水势的顶托作用，减少了进入望虞河主河道的支流劣质水体的水量（马倩等，2014）。同时，望虞河主河道绵延 60.8km，加之近年来重要河段截污工程的大力开展，增强了望虞河河水对有机污染物的自净能力。非引水期，由于望虞河水量的减少，沿岸支流污水汇入主河道，使河水水质变差。因此，就有机污染而言，望虞河引江济太工程具有显著的湖泊水环境改善作用。

　　此外，秋、冬季引水还会提升贡湖湾局部水域水温。低温期引水活动对贡湖湾水温的提升，有利于增强湖泊水体对有机污染的降解能力（范成新等，1995）。与之相反，秋、冬季引水期望虞河入湖口水域溶解氧含量低于湖心区。这种现象通常是由于水体溶解氧含量与水温呈负相关，望虞河水体水温显著高于湖水，导致了河水入湖口处溶解氧含量低于湖心区。但引水活动引起的贡湖湾水域溶解氧含量降低现象仅限于局部水域，如望虞河入湖口处，贡湖湾整个水域溶解氧含量并未显著低于湖心区。因此，秋、冬季引水并不会对受水湖区水体溶解氧含量造成显著的不利影响。

　　本研究并未对贡湖湾在丰、平、枯水期引水前的有机污染情况进行监测，这与望虞河引江济太工程引水入湖的时间不固定有关。引江济太引水入湖的调度原则上基于太湖平均水位，水位低于调度水位即通过望虞河引水入湖。通常情况下夏季因湖泊水位较高，并不会引水入湖，2013 年因气温等因素，太湖平均水位低于调度线,因而在 8 月份开展引水活动。近年来,秋、冬季通常都会有引水入湖活动,但具体时间并不固定,也难以准确把握引水前后的时间界限。同时,望虞河引水期的时间跨度也相对较长,有时甚至持续 2～3 个月,将跨季节的贡湖湾湖区有机污染情况进行比较难以说明引水对湖区的改善作用。引江济太工程 2007 年常态化运行之前,贡湖湾与湖心区年均 COD_{Mn} 含量并无显著差异(张晓晴和陈求稳,2011),目前工程常态化运行使得贡湖湾有机污染指标浓度显著降低,表明引长江水对于改善太湖湖湾有机污染具有重要意义。

贡湖湾是太湖东北部最大湖湾,湖湾内生态系统结构复杂,生态要素空间差异显著。夏季在东南季风影响下,西岸易堆积大量水华,属藻型生态系统。东岸和湾心部分水域夏、秋季有大量水生植物生长,如马来眼子菜,为草型生态结构(向速林等,2014)。本研究中,夏季贡湖湾西岸、湾心与东岸水域 TN、TP、Chl a 等指标的含量差异显著,这往往与风力驱动有关联,风生流通常被认为是太湖物质输移、扩散和转化的主要驱动力(秦伯强,2009;吴挺峰等,2012)。不仅如此,本研究分析发现,丰、平、枯水期贡湖湾西岸湾口 TN、TP、Chl a 与 COD_{Mn} 含量均显著高于其他水域,夏季西岸湾口营养盐和有机污染浓度高可能与东南风影响有关,而秋、冬季引水期两次监测的湖流受风的影响较小,入湖水流是该季节湖流的主要驱动力。此前研究表明,一定引水流量会改变贡湖湾湖流流场,使得形成向湖湾西岸方向的局部流场(吕学研,2013)。因此,引水期间在湖湾水质得到显著改善的同时,西岸饮用水取水口应尽量向贡湖湾湾心延伸,以降低饮用水源中藻毒素等有机污染物的含量。

本研究结果显示,太湖贡湖湾夏季 COD_{Mn} 含量显著高于秋冬季节,而 TOC 含量则相反。通常,平、枯水期由于太湖水量减少,水位降低,水体污染物浓度一般会高于丰水期。但有研究表明,太湖水体有机污染的出入湖量是影响水体 COD_{Mn} 含量的主导因素之一,而夏季通常是有机污染物入湖量最多的季节(范成新等,1995)。同时,夏季湖湾蓝藻水华暴发与堆积导致的内源有机污染的加重也是贡湖湾 COD_{Mn} 含量高于秋、冬季的重要因素。而 TOC 是水体异养微生物重要的碳源,其浓度高低与微生物的数量、群落以及活性都密切相关(冯胜等,2006)。夏季贡湖湾藻华堆积,附着于藻细胞表面的异养微生物(如异养细菌)丰度也会高于秋、冬季,异养微生物的大量吸收和利用可能是夏季贡湖湾水域 TOC 显著低于秋、冬季节的重要原因(Jones et al.,2009)。引水降低贡湖湾水体 TOC 含量,减少了异养微生物的碳源,进而限制微囊藻细胞表面的附着微生物为藻类提供氮磷营养(Jansson,1998),可能是调控太湖蓝藻水华的一个重要机制。

本研究发现,秋、冬季引水对湖泊水体有机污染的去除效率最佳,而夏季对藻华的去除效果则更为显著。虽然秋、冬季蓝藻水华暴发频次低于夏季,但藻华大量衰亡所产生的有机污染物仍威胁湖泊水质安全,加之太湖湖西区入湖河流枯水期水质较差，在偏北或偏西风影响下，湖湾更易汇集大量有机污染物。因此，秋、冬季引水对改善太湖北部湖湾有机污染也具有重要作用。

此外，引江济太现行的调度准则建立在太湖水位与防洪的基础之上，春季一般没有引水活动，因此，本研究也未有针对春季引水期的监测研究。实际上，春季是太湖蓝藻细胞复苏的关键季节，为夏季蓝藻的大量增殖提供了条件（吴晓东等，2008）。因此，春季也被认为是遏制蓝藻水华的关键时期（Jia et al.，2014），适当开展春季望虞河引水活动，降低湖湾有机污染物含量，无疑有助于推迟夏季水华发生时间，缩短水华持续的时间跨度与暴发强度。

5.4 引水对湖泊浮游藻类群落影响

5.4.1 浮游藻类细胞密度时空分布特征

2013～2014 年不同季节引水期与非引水期望虞河、贡湖湾湾心轴线以及湖心区浮游藻类各门类细胞密度时空分布如图 5-14 所示。浮游藻类各门类细胞密度的季节性差异显著，夏、秋季藻类密度显著高于冬、春季。四季贡湖湾湾口以及湖心区均以蓝藻门占主导。

冬季（1 月）引水期与非引水期贡湖湾湾心轴线浮游藻类密度均显著低于湖心区，呈现出从望虞河入湖口至湖心区逐渐增加的空间梯度分布特征，以蓝藻门细胞密度的分布特征最为典型（图 5-14（a），（b））。非引水期望虞河入湖口处 G1 浮游藻类密度为 1.80×10^6 个细胞/L，湾口 G5 细胞密度则为 8.48×10^6 个细胞/L（图 5-14（a）），而引水期 G1 和 G5 点藻类密度分别为 0.90×10^6 个细胞/L 与 1.26×10^7 个细胞/L（图 5-14（b）），引水期贡湖湾湾心轴线浮游藻类细胞平均密度为 6.10×10^6 个细胞/L，显著高于非引水期的平均密度 3.55×10^6 个细胞/L（One-way ANOVA，$p<0.05$）。冬季引水期望虞河入湖口藻类密度低于非引水期与望虞河藻类密度显著低于太湖湖湾以及湖心区有关，外源客水输入是贡湖湾藻类等颗粒物向湾外迁移的重要驱动力。冬季引水期贡湖湾湾心轴线藻类平均密度高于同季非引水期，这主要归因于冬季引水期贡湖湾硅藻的大量增殖，冬季引水期贡湖湾硅藻平均密度为 4.98×10^6 个细胞/L，远高于非引水期的 7.16×10^5 个细胞/L，也高于引水期湖心区硅藻的平均密度。通常，由于受长江水质影响，望虞河来水中活性硅酸盐含量相对高于太湖，较高浓度硅酸盐的输入有助于贡湖湾冬季引水期浮游硅藻的增殖（李雅娟和王起华，1998；宋晓飞，2014）。

2013～2014 年太湖春季（4 月）均无引水活动，贡湖湾浮游藻类平均密度是 2013 年 4 月较高，为 2.32×10^6 个细胞/L（图 5-14（c），（d）），这可能与 2013 年 4 月贡湖湾水位低于 2014 年 4 月有关。湖泊水位的变化是影响湖泊生物群落的重

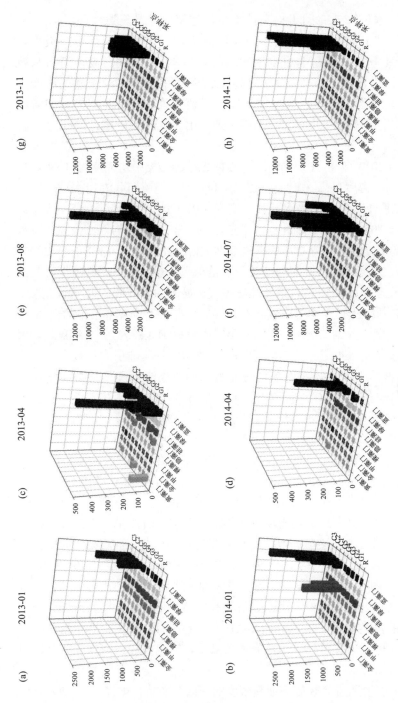

图 5-14 监测区浮游藻类各门类细胞密度的年际变化特征（见彩图）

要水动力学因素，水位降低有助于提高藻类生长速率，减缓藻类衰亡（王利利，2006；龙天渝等，2010）。同时，春季贡湖湾湾心轴线非引水期浮游藻类平均密度均显著低于冬季引水期与非引水期的均值。冬季非引水期贡湖湾湾口水域藻类密度较高，而引水期硅藻类群大量增殖，对冬季引水期贡湖湾藻类密度贡献也较大。此外，春季贡湖湾浮游藻类密度也以蓝藻为主导，两年中贡湖湾湾心轴线水域蓝藻密度最高，为 5.13×10^6 个细胞/L，其次为硅藻，最高为 3.00×10^5 个细胞/L。

夏季引水期（2013 年 8 月）贡湖湾湾心轴线浮游藻类平均密度为 4.39×10^7 个细胞/L，湾口水域密度最高（1.23×10^8 个细胞/L），望虞河入湖口水域最低，为 1.65×10^7 个细胞/L。望虞河来水藻类密度为 1.07×10^7 个细胞/L，湖心区藻类密度均值为 1.24×10^7 个细胞/L（图 5-14（e））。夏季东南风影响下，太湖蓝藻水华易堆积于北部湖湾，造成湖湾尤其是岸边带藻类密度显著增加（白晓华等，2005；吴挺峰等，2012），望虞河水体较低的藻类密度是东南风条件下贡湖湾藻类密度较低的直接因素，夏季引水对贡湖湾水域藻华灾害有显著改善效应。夏季非引水期（2014 年 7 月）贡湖湾藻类平均密度为 6.85×10^7 个细胞/L，显著高于同季节引水期藻类密度，且望虞河入湖口处 G1 点的藻类密度值达到 8.88×10^7 个细胞/L，为引水期该水域密度值的 5.4 倍（图 5-14（f））。夏季引水期与非引水期贡湖湾水域均以蓝藻门藻类占据主导优势，引水期与非引水期贡湖湾蓝藻平均密度分别为 4.11×10^7 个细胞/L 与 6.72×10^7 个细胞/L，其次是硅藻，分别为 1.38×10^6 个细胞/L 与 7.0×10^4 个细胞/L，夏季引水不仅显著降低了贡湖湾蓝藻密度，也明显增加了硅藻种群的比例。

秋季非引水期贡湖湾湾心轴线浮游藻类平均密度为 2.88×10^7 个细胞/L，最低值出现在望虞河入湖口水域 G2 点（1.65×10^6 个细胞/L），最高值在湾心水域 G3 点（6.31×10^7 个细胞/L），湖心区均值为 3.79×10^7 个细胞/L，略高于贡湖湾湾心水域（图 5-14（g））。引水期贡湖湾浮游藻类密度呈现显著的空间分布梯度，从望虞河入湖口至贡湖湾湾心逐渐递增，湖心区藻类密度最高。贡湖湾湾心轴线平均藻类密度为 1.25×10^7 个细胞/L，极显著低于湖心区的平均密度（1.04×10^8 个细胞/L，$p < 0.05$）（图 5-14（h））。秋季引水期与非引水期贡湖湾湾心水域仍以蓝藻为优势种群，其次为硅藻种群，引水期蓝藻和硅藻平均密度分别显著低于和高于同季非引水期的藻类密度（One-way ANOVA，$p < 0.05$），表明望虞河秋季引水对改变太湖受水湖区浮游藻类群落组成有显著效果，这也与望虞河来水蓝藻比例低、硅藻比例高有直接关联。

夏、冬、秋季引水期监测区蓝藻细胞密度的空间分布特征如图 5-15 所示。夏季引水期蓝藻主要分布于贡湖湾东、西岸带，W4 与 E4 点蓝藻密度分别为 4.13×10^8 个细胞/L 与 1.92×10^8 个细胞/L，远高于贡湖湾湾心轴线湾口处的 3.10×10^7

个细胞/L（图 5-15（a）），秋冬季引水期也呈现同样的空间分布规律（图 5-15（b），
（c））。受太湖风向与引水水流影响，蓝藻水华更易堆积于贡湖湾湾口岸边带水域
（吕学研，2013）。

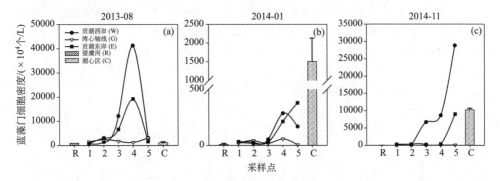

图 5-15　引水期监测区蓝藻细胞密度空间分布

　　不同季节引水期绿藻种群细胞的密度也呈现与蓝藻相似的分布规律，湾口水
域绿藻密度高于望虞河入湖口（图 5-16）。夏、冬两季贡湖湾三水域绿藻密度均
值均无显著差异（图 5-16（a），（b）），而秋季湾心轴线水域绿藻密度要显著高于
贡湖湾东、西岸带（$p<0.05$，图 5-16（c））。除秋季外，夏、冬季望虞河来水绿藻
密度均要略高于湖心区，贡湖湾湾口水域绿藻密度也显著高于其他监测水域
（One-way ANOVA，$p<0.05$），这可能是岸边带水域生境特点以及风向和引水引起
的湖流场共同作用的结果。

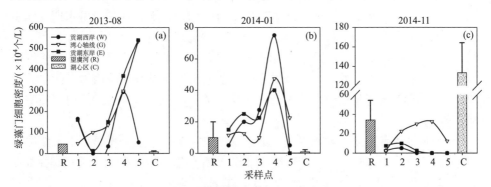

图 5-16　引水期监测区绿藻细胞密度空间分布

　　硅藻细胞分布特征与蓝藻和绿藻有所不同（图 5-17）。夏季引水期贡湖湾西
岸、东岸以及湾心轴线硅藻密度均值无显著差异，望虞河入湖口水域硅藻密度高
于湾心中部水域（图 5-17（a）），冬季引水期贡湖湾湾心轴线与东岸空间分布规
律相似，均为湾口水域硅藻密度较高（图 5-17（b）），秋季贡湖湾湾心轴线硅藻

密度显著高于西岸带,均呈现从望虞河入湖口至湾口递增的空间分布特征(图 5-17 (c))。三个不同季节下望虞河来水硅藻密度与湖心区相近,提示望虞河藻类外源输入仅是引水期贡湖湾硅藻密度增加的一个因素,引水引起的湖湾水环境条件改变可能也与硅藻增殖密切相关。研究表明,长江水体硅酸盐含量显著高于太湖水域(崔彦萍等,2013;吕学研,2013),高浓度硅酸盐的输入无疑为硅藻增殖提供了重要的营养支撑。

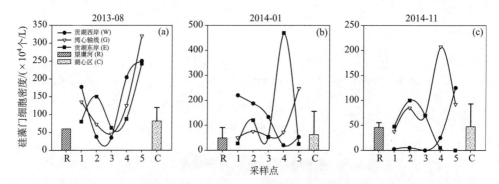

图 5-17   引水期监测区硅藻细胞密度空间分布

5.4.2   引水期与非引水期浮游藻类细胞密度差异

对不同季节引水期与非引水期贡湖湾水域不同门类浮游藻类细胞密度的均值进行对比(图 5-18)。夏季引水期贡湖湾蓝藻密度均值为 6.79×10^7 个细胞/L,显著低于夏季非引水期(One-way ANOVA,$p<0.05$),而其他季节引水期与非引水期贡湖湾蓝藻密度均无显著差异。夏季贡湖湾蓝藻密度显著高于其他季节,秋季其次(图 5-18(a))。对于整个贡湖湾水域而言,虽然望虞河来水蓝藻密度低于湖心区,但秋季引水并未显著降低贡湖湾蓝藻密度,这与秋季监测期间主要为南风,推送湖心区蓝藻颗粒向贡湖湾内迁移有关,导致引水期贡湖湾内蓝藻密度降低不明显。

引水期与非引水期贡湖湾绿藻门细胞密度仅在冬季有显著差异,引水期绿藻密度显著低于非引水期,夏季引水期与非引水期绿藻细胞密度均为最高(图 5-18 (b))。夏季引水期硅藻密度均值(1.40×10^6 个细胞/L)显著高于同季非引水期(1.46×10^5 个细胞/L),而秋、冬季差异则并不显著(图 5-18(c))。冬季引水期其他门类浮游藻类细胞密度显著低于非引水期($p<0.05$),而其他季节则不显著(图 5-18(d))。

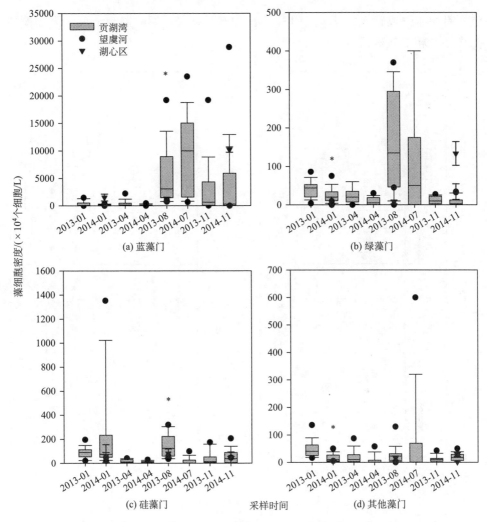

图 5-18　不同季节引水期与非引水期贡湖湾各门类藻类细胞密度均值比较

*代表同季节引水期与非引水期具有显著性差异（单因素方差分析，$p<0.05$）

5.4.3　浮游藻类种属多样性时空分布

　　不同季节引水期与非引水期监测区浮游藻类种属多样性均值比较如图 5-19 所示，冬、夏、秋三季节引水期与非引水期贡湖湾浮游藻类群落种属种类 S、丰富度指数 d 以及多样性指数 H' 差异均显著（图 5-19（a），（b），（c）），而均匀度指数 J 均不显著（图 5-19（d））。夏季与秋季引水期贡湖湾浮游藻类 S、d、H' 均显著高于非引水期，而冬季引水期藻类多样性指数则显著低于非引水期。事实上，2013 年 1 月初望虞河已引水入湖一段时间，中旬引水停歇数日，但下旬重新有引水入湖活动，因此 2013 年 1 月属于引水后期的监测结果，因此藻类多样性也相对较高。

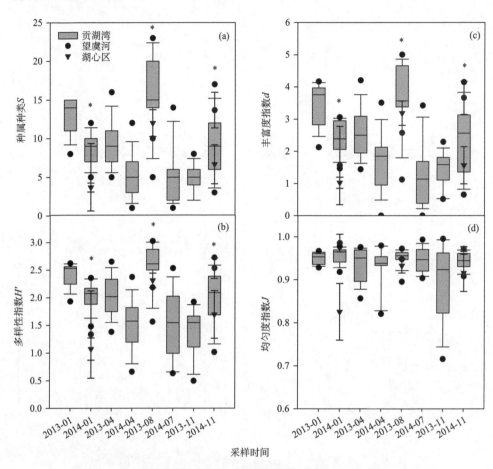

图 5-19　不同季节引水期与非引水期贡湖湾浮游藻类多样性均值比较
*代表同季节引水期与非引水期具有显著性差异（单因素方差分析，$p<0.05$）

5.4.4　浮游藻类群落组成时空分布特征

不同季节引水期与非引水期监测区浮游藻类群落组成如图 5-20 所示，冬季非引水期贡湖湾湾心轴线大部分水域以硅藻、绿藻、蓝藻以及隐藻为主，与望虞河藻类群落组成极为相似，湾口与湖心区均以蓝藻占优势（图 5-20（a）），这与 2013 年 1 月采样时间处于冬季引水后期有关。冬季引水期贡湖湾湾心轴线均以硅藻占主导，相对比例范围为 50.0%～94.9%，其次为蓝藻门和绿藻门，这与望虞河来水的群落组成也极为相似，表明硅藻外源输入对太湖受水湖区群落组成的重要影响。

湖心区仍以蓝藻占绝对优势（图 5-20（b））。

春季监测期间望虞河均无引水入湖活动，部分样点以硅藻、绿藻以及黄藻为主外，而大部分点位蓝藻都占优势地位，2014 年春季最为明显（图 5-20（c），（d））。春季处于蓝藻复苏期，其他门类藻处于与蓝藻的竞争相持阶段（吴晓东等，2008；顾婷婷等，2011；吴攀等，2013；覃宝利，2014），因而部分点位蓝藻并不占绝对优势。

夏季引水期与非引水期贡湖湾、望虞河以及湖心区均以蓝藻门占绝对优势，但相比而言，夏季引水期贡湖湾硅藻种群比例较非引水期高（图 5-20（e），（f）），表明夏季蓝藻种群在群里竞争中仍占据优势。秋季引水期望虞河入湖口水域（G1～G3）均以硅藻占绝对优势，而湾口与湖心区则以蓝藻为优势，非引水期望虞河入湖口处以硅藻和蓝藻占主导，而其他水域均以蓝藻为绝对优势种群（图 5-20（g），（h））。

对 2013～2014 年四季引水期与非引水期蓝藻种群组成进行对比分析（图 5-21），结果显示：冬季非引水期（2013 年 1 月中旬）监测区蓝藻种群主要以微囊藻和色球藻占据主导，个别样点（G1）颤藻也占有绝对优势（图 5-21（a）），而引水期蓝藻种群均以微囊藻占绝对优势，监测样点没有检测到其他种属蓝藻类群的存在（图 5-21（b）），这与 2014 年 1 月引水期望虞河来水中蓝藻以微囊藻为主有关。春季监测区蓝藻种群也均以微囊藻为主（图 5-21（c），（d））。夏季引水期望虞河入湖口水域（G1～G3）蓝藻种群以节旋藻、平裂藻、伪鱼腥藻以及颤藻为主，微囊藻不再为蓝藻优势种群，此时湖心区仍以微囊藻为蓝藻的绝对优势种属（图 5-21（e）），夏季引水期贡湖湾湾心轴线微囊藻优势地位的丧失与望虞河来水中微囊藻含量极低有重要关联。夏季非引水期各监测点位蓝藻种群仍以微囊藻为主导优势类群（图 5-21（f））。秋季引水期与非引水期贡湖湾蓝藻种群均以微囊藻占绝对优势（图 5-21（g），（h））。

硅藻是贡湖湾除蓝藻种群外的优势藻类群，在引水期优势地位更为明显。不同季节硅藻种群的演替也较为明显（图 5-22），冬季非引水期监测区硅藻种群均以颗粒直链藻和小环藻占主导（图 5-22（a）），而引水期小环藻的优势地位超过颗粒直链藻（图 5-22（b））。春季硅藻种群以颗粒直链藻、小环藻、针杆藻以及舟形藻占优势（图 5-22（c），（d））。夏季引水期也以小环藻、颗粒直链藻、针杆藻以及舟形藻占主导（图 5-22（e）），而非引水期大部分点位没有检测到硅藻种群（图 5-22（f））。秋季非引水期贡湖湾仍以小环藻和颗粒直链藻为主，而湖心区则均以针杆藻占绝对优势（图 5-22（g）），引水期贡湖湾受来水影响以颗粒直链藻占绝对优势，而湖心区则以针杆藻和舟形藻为主（图 5-22（h））。

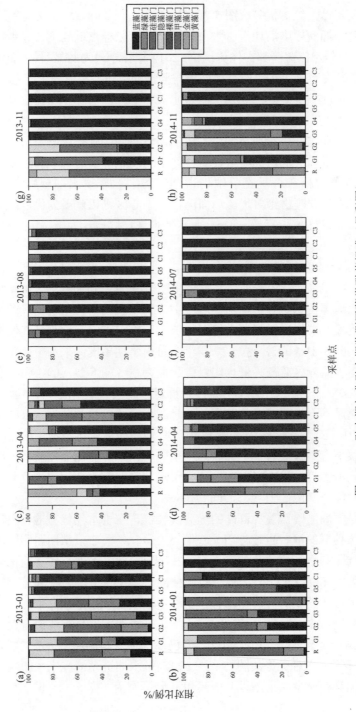

图 5-20　引水期与非引水期监测区藻类群落组成（见彩图）

R.望虞河；G1～G5.湾心轴线；C1～C3.湖心区；下同

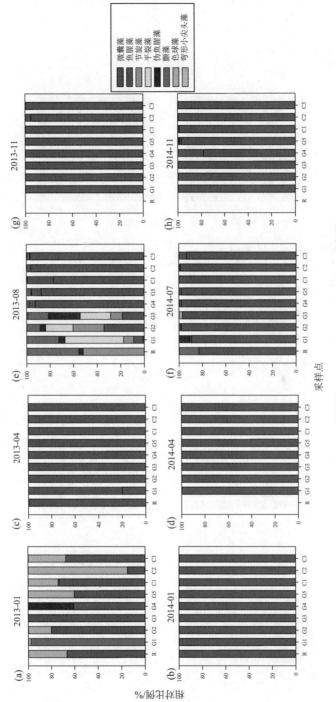

图5-21　引水期与非引水期监测区蓝藻群落组成（见彩图）

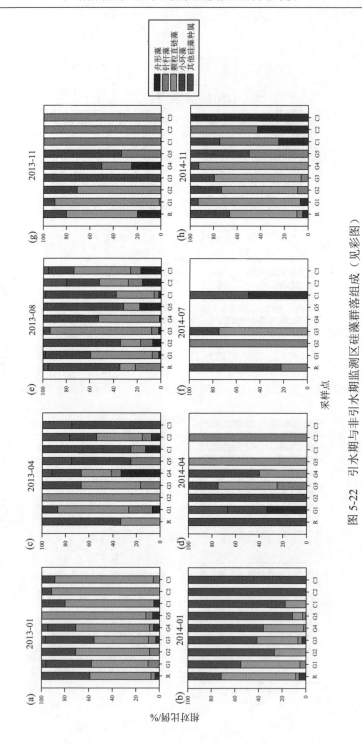

图 5-22　引水期与非引水期监测区硅藻群落组成（见彩图）

5.4.5　引水对浮游藻类功能群演替的影响

监测期间贡湖湾优势浮游藻类种属功能群特性与指示生境如表 5-3 所示，不同监测期，主要优势种属分别为微囊藻、节旋藻、平裂藻、颤藻、颗粒直链藻、小环藻、小球藻以及隐藻。夏季引水期贡湖湾浮游藻类的主导优势类群是平裂藻、节旋藻和颤藻，而非引水期则为微囊藻占绝对优势，这四种藻类分属于不同的浮游藻类功能群，主要分布于浅水富营养湖泊，但耐受性有所差异，微囊藻能够忍耐日晒，而其他蓝藻则对光缺乏或营养盐限制条件具有耐受性，这些藻类均对水动力扰动冲击的生境具有一定的敏感性（表 5-3）。太湖水动力扰动频繁，通常水动力扰动过程中微囊藻水华难以大规模暴发，但当风浪停歇后，由于水体营养的富集和光照条件的具备，微囊藻水华会迅速暴发（丁艳青，2012）。值得注意的是平裂藻属功能群 L_0，该类群常见于夏季中营养湖泊混合层，夏季引水期贡湖湾平裂藻成为优势种属也提示长期的引水调度可能使贡湖湾生境条件有所改善，逐渐适合于低营养水平浮游藻类的生存。

表 5-3　监测期间贡湖湾浮游藻类优势种属功能群特性与指示生境

优势种属	功能群	生境	耐受性	敏感性	监测时间
微囊藻	M	富营养湖泊混合层或夏季变温层	日晒	水流冲击与低光强	春、夏季非引水期
节旋藻	S_2	浅水、浑浊混合层	光缺乏	水流冲击	夏季引水期
平裂藻	L_0	中营养湖泊夏季变温层	营养盐限制	长时间或深度混合	夏季引水期
颤藻	MP	频繁地被搅动、无机浑浊浅水湖泊	—	—	夏季引水期
颗粒直链藻	P	富营养变温层	弱光、碳缺乏	水体分层、硅耗尽	秋、冬季引水期
小环藻	A	清水、充分混合的湖泊	营养盐限制	pH 升高	秋、冬季引水期
小球藻	X_1	富营养的浅水湖泊混合层	水体分层	营养盐缺乏、滤食	冬、春季引水期与非引水期
隐藻	X_2	中至富营养浅水湖泊的清洁混合层	水体分层	水层混合、滤食	秋、冬季引水期与非引水期

从上述浮游藻类群落密度及组成可以看出，秋冬季引水期贡湖湾湾心轴线多以硅藻占主导，而这两个季节中硅藻的颗粒直链藻和小环藻则占据绝对优势，颗粒直链藻与小环藻分属浮游藻类功能群 P 和 A（表 5-3），颗粒直链藻多见于浅水富营养湖泊，对光照和碳营养元素缺乏具有耐受性，对水体扰动也具有很好的适应性，但对有水体分层以及硅浓度低的湖泊比较敏感。而小环藻则常见于充分混

合的清水湖泊，对有营养盐限制的湖泊生境具有较好的耐受性，但对 pH 升高的环境较为敏感。该结果表明，秋、冬季引水虽未显著改善太湖贡湖湾的营养水平，湖体营养盐浓度以及浮游藻类优势类群均很好地表征了太湖受水湖区的生境状况，但常见于清水生境的小环藻在秋冬季引水期占据优势，也暗示秋、冬季引水对贡湖湾生境条件的潜在影响，这种影响可能更有利于湖泊水生态系统的健康。

通过对引水期与非引水期贡湖湾浮游藻类功能群的划分可以发现，引水期与非引水期贡湖湾生境依然处于富营养化水平，但秋冬引水期贡湖湾硅藻种群的优势地位也表明引江济太能改变太湖受水湖区浮游藻类的群落结构，这种改变不仅与外源生物输入直接相关，与外源营养物质（如硅酸盐）等的输入改变受水湖区生境条件也密切相关，本章的研究结果也显示，贡湖湾冬季引水期硅藻种群密度高于望虞河来水，这与贡湖湾生境的变化有利于硅藻增殖有关。目前各季节引水期，浮游藻类群落结构响应最为敏感的水域仍为贡湖湾内，贡湖湾湾口以及湖心区的响应并不敏感，也提示在改善望虞河来水水质状况的同时，加大引江济太引水流量对缓解整个太湖水域的蓝藻水华灾害极为关键。

5.5　引水影响下水体理化参数与浮游藻类群落的耦联

5.5.1　引水期与非引水期监测样点水体理化环境差异

夏季引水期与非引水期贡湖湾各监测样点基于水体理化参数的 NMDS 二维图如图 5-23 所示。非引水期各监测样点间的欧氏距离相对小于引水期，非引水期监测点位的水体理化特征更为相近，而引水期监测点位更为分散，表明夏季引水活动使得贡湖湾水体理化环境的空间分异特征更为明显。引水期与非引水期贡湖湾水体理化环境的差异较贡湖湾各样点间差异更为明显。贡湖湾湾心、西岸以及东岸沿线相邻监测样点间的欧氏距离相对较小，相邻点位间水体理化特征更为相近。

与夏季结果相似，冬、秋季引水期与非引水期基于水体理化参数的监测样点 NMDS 结果（图 5-24，图 5-25）也显示，引水期贡湖湾监测样点的理化特征差异较非引水期更为显著，引水期贡湖湾监测样点的水体理化环境呈现从望虞河入湖口水域至贡湖湾湾口水域的空间梯度分布特征，湾口水域与河流入湖口水域差异最为明显。此外，引水期各监测样点水体理化环境的空间分异性更为显著，贡湖湾湾口水域理化环境与非引水期的欧氏距离较与引水期望虞河入湖口的欧氏距离更小，表明望虞河引水入湖最为敏感的水域仍为贡湖湾湾内。

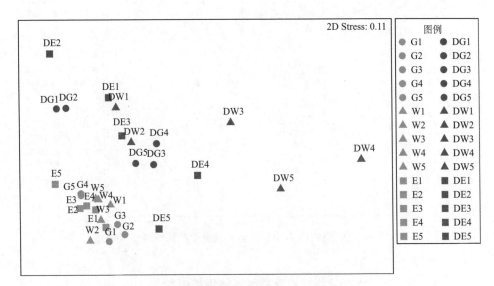

图 5-23 夏季引水期与非引水期基于水体理化参数的监测样点 NMDS 二维图

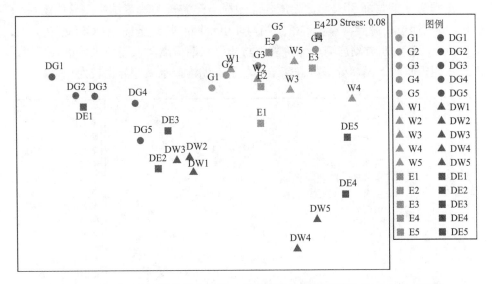

图 5-24 冬季引水期与非引水期基于水体理化参数的监测样点 NMDS 二维图

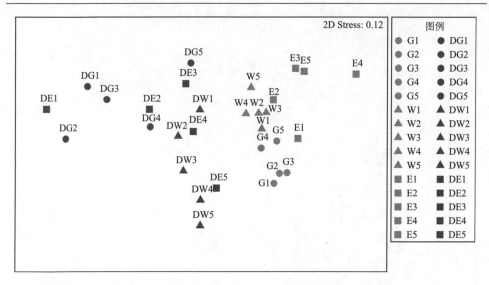

图 5-25　秋季引水期与非引水期基于水体理化参数的监测样点 NMDS 二维图

5.5.2　引水期与非引水期监测样点藻类群落结构相似性

夏季引水期与非引水期贡湖湾各监测样点浮游藻类群落结构差异如图 5-26 所示，引水期贡湖湾浮游藻类群落结构与非引水期的差异显著（ANOSIM，$R=0.71$，$p=0.001$），引水期贡湖湾湾口浮游藻类与非引水期望虞河入湖口水域更为相似，而引水期望虞河入湖口处藻类群落结构与引水期湾口水域差异也较为显著。

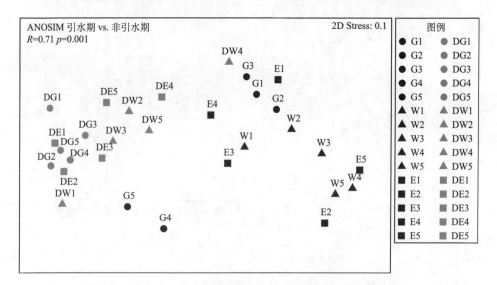

图 5-26　夏季引水期与非引水期基于浮游藻类群落结构的监测样点 NMDS 二维图

冬季引水期与非引水期贡湖湾浮游藻类群落结构差异显著（图 5-27），非引水期贡湖湾各监测样点藻类群落结构的差异较引水期更为明显，引水期相邻点位间的群落结构相似性高于非引水期。秋季引水期与非引水期贡湖湾藻类群落结构差异不显著（图 5-28），但引水期贡湖湾浮游藻类群落结构呈现显著的空间差异，望虞河入湖口水域与贡湖湾湾口水域差异最为显著（ANOSIM，$p>0.05$）。

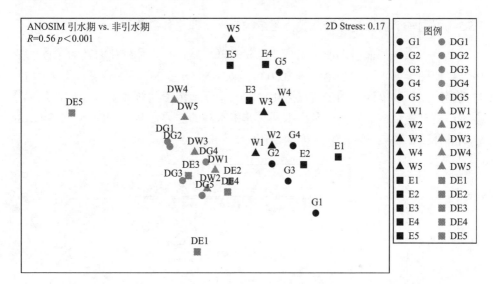

图 5-27 冬季引水期与非引水期基于浮游藻类群落结构的监测样点 NMDS 二维图

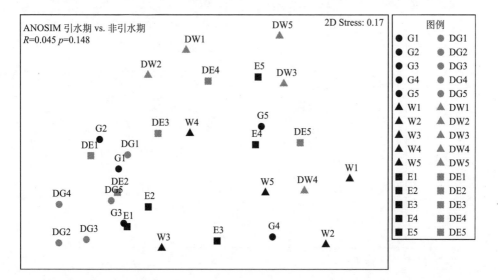

图 5-28 秋季引水期与非引水期基于浮游藻类群落结构的监测样点 NMDS 二维图

　　不同季节引水期与非引水期贡湖湾浮游藻类群落结构均呈现出从望虞河入湖口水域至贡湖湾湾口的空间梯度分布趋势，但引水期贡湖湾西岸、湾心以及东岸藻类群落结构并无显著差异（ANOSIM，$p>0.05$），表明望虞河引水入湖对贡湖湾三条轴线水域的影响较为均衡，引水对湖泊浮游藻类群落机构的影响受风浪和湖流影响较小。

5.5.3　不同季节贡湖湾浮游藻类群落结构与水体理化参数关系

　　夏季引水期与非引水期贡湖湾浮游藻类群落结构与水体理化参数的 RDA 排序结果如图 5-29 所示。水温（$p=0.002$）、NO_3-N（$p=0.002$）、SiO_3-Si（$p=0.045$）与贡湖湾藻类群落结构的演替显著相关，三个环境因子共解释了 35.4%的贡湖湾浮游藻类群落结构的空间以及引水期与非引水期的差异，其中 NO_3-N 与 SiO_3-Si 分别解释了 25%与 3%的藻类群落结构差异。

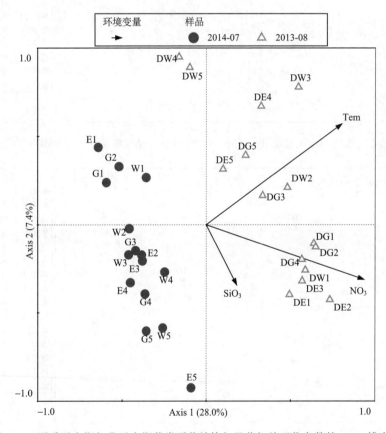

图 5-29　夏季引水期与非引水期藻类群落结构与显著相关理化参数的 RDA 排序图

冬季贡湖湾水体 COD_{Mn} （p=0.002）、NH_4-N（p=0.004）、Chl a（p=0.004）以及 SiO_3-Si（p=0.046）含量与监测期间藻类群落结构的时空差异显著相关，分别解释了 16%、9%、9% 与 5% 的引水期与非引水期浮游藻类群落结构差异，四个主导因子共解释了 39% 的群落变异，且四个环境因子的高值均出现在引水期（图 5-30）。

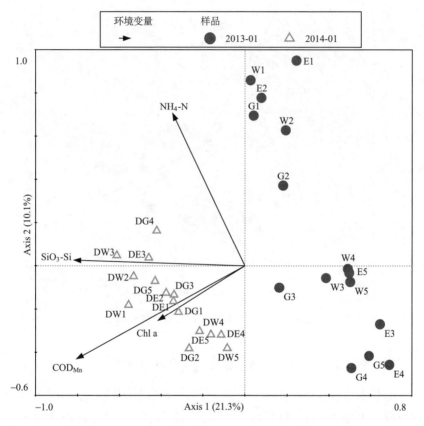

图 5-30　冬季引水期与非引水期藻类群落结构与显著相关理化参数的 RDA 排序图

Chl a（p=0.002）、SRP（p=0.004）、TP（p=0.018）以及 TN（p=0.02）与秋季贡湖湾引水期与非引水期水体浮游藻类群落结构差异显著相关，四个主导环境因子共解释了 40% 的藻类群落结构时空变异，其中 Chl a 与 SRP 分别解释了 14% 和 13% 的藻类群落变异，Chl a 与 SRP 最高值均属于非引水期，而引水期 TN、TP 则相对较高（图 5-31）。

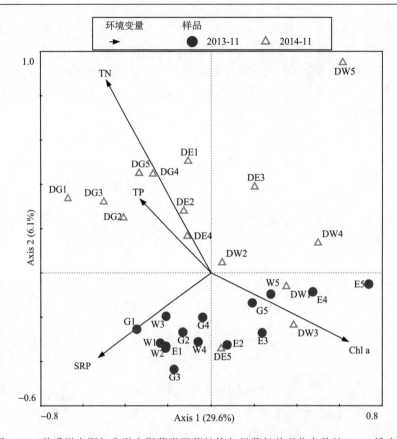

图 5-31　秋季引水期与非引水期藻类群落结构与显著相关理化参数的 RDA 排序图

5.5.4　不同季节浮游藻类细胞密度与水体理化参数定量耦联

对夏季引水期与非引水期总藻、蓝藻门、硅藻门以及绿藻门细胞密度与水体理化参数进行 Pearson 相关性和逐步线性回归分析（表 5-4），结果显示：夏季贡湖湾水域总藻密度与水体 DO、浊度、pH、NO_3-N 以及 COD_{Mn} 显著相关，逐步线性回归方程表明，pH、浊度与 COD_{Mn} 三种理化参数对水体总藻密度的拟合效果最优，pH 与水体总藻密度的偏相关系数最大，对藻类密度的变化贡献最大。同样，蓝藻门细胞密度也与上述水体理化参数显著相关，且 pH 对蓝藻密度的贡献最大。硅藻细胞密度与水体浊度、TN、NO_3-N 和 TP 的相关性均显著，其中 TP 和 TN 对硅藻细胞密度的线性拟合效果最优，TP 在该线性模型中的偏相关系数最大，该拟合模型也表明，减少夏季望虞河入湖水体 TN 含量对硅藻增殖有促进作用。此外，绿藻细胞密度与 pH 和 NO_3-N 的含量分别呈现出显著负相关和正相关性。

表 5-4　夏季藻类细胞密度对数值与水体理化参数的 Pearson 相关性及逐步线性回归分析

理化参数	藻细胞密度对数值（$n=30$）			
	总藻 [a]	蓝藻 [b]	硅藻 [c]	绿藻
DO	0.379*	0.378*		
Tur	0.499*	0.491**	0.388*	
pH	0.563**	0.561**		−0.364*
TN			0.454*	
NO_3-N	−0.467**	−0.473**	0.515**	0.426*
TP			0.636**	
COD_{Mn}	0.381*	0.384*		

a 总藻对数值=−5.882+1.154pH+0.015Tur−0.165COD_{Mn}，$R=0.777$；

b 蓝藻对数值=−6.611+1.233pH+0.015Tur−0.166COD_{Mn}，$R=0.764$；

c 硅藻对数值=1.542+13.506TP−1.195TN，$R=0.736$。

* 代表显著相关（$p \leqslant 0.05$）；** 代表极显著相关（$p \leqslant 0.01$）。

冬季引水期与非引水期贡湖湾藻类细胞密度与水体理化参数的 Pearson 相关性与逐步线性回归分析结果见表 5-5。总藻细胞密度与水体 DO、pH、TN、NO_3-N、TP、SRP、COD_{Mn} 以及 SiO_3-Si 均显著相关，其中 DO、pH、COD_{Mn} 与总藻密度呈显著正相关关系，而其余参数与总藻均呈显著负相关。逐步线性回归分析结果表明，仅 SiO_3-Si 浓度对总藻的线性拟合效果最优，且硅酸盐浓度越高，总藻密度越低。蓝藻细胞密度与水体 NO_3-N、SRP、COD_{Mn} 以及 SiO_3-Si 浓度显著相关，其中仅与 COD_{Mn} 含量呈正相关关系，但逐步线性回归分析表明，仅 NO_3-N 浓度

表 5-5　冬季藻类细胞密度对数值与水体理化参数的 Pearson 相关性及逐步线性回归分析

理化参数	藻细胞密度对数值（$n=30$）			
	总藻 [a]	蓝藻 [b]	硅藻	绿藻
DO	0.564**			
pH	0.620**			
TN	−0.550**			
NO_3-N	−0.567**	−0.444*		
TP	−0.474**			
SRP	−0.511**	−0.403*		
COD_{Mn}	0.462*	0.429*		
SiO_3-Si	−0.632**	−0.475**	0.639**	

a 总藻对数值=2.771−0.111SiO_3-Si，$R=0.632$；

b 蓝藻对数值=3.061−0.917NO_3-N，$R=0.477$。

* 代表显著相关（$p \leqslant 0.05$）；** 代表极显著相关（$p \leqslant 0.01$）。

的单个因子对蓝藻密度的拟合效果最优，水体 NO_3-N 含量越高，蓝藻细胞密度越低。硅藻细胞密度仅与硅酸盐含量呈极显著正相关，但硅酸盐浓度并不能很好地拟合硅藻细胞密度的变化。

秋季贡湖湾水域总藻密度与水体 NO_3-N 以及 COD_{Mn} 含量显著相关，COD_{Mn} 含量对总藻密度的线性拟合效果最优，水体 COD_{Mn} 含量与总藻密度正相关。蓝藻密度与水体 DO、pH、TN、NO_3-N、SRP、COD_{Mn} 的含量均显著相关，其中与 TN、NO_3-N、SRP 含量显著负相关，水体 TN 与 COD_{Mn} 含量对蓝藻细胞密度的拟合效果最优，秋季 COD_{Mn} 含量的增加与蓝藻密度呈现显著的正相关关系。硅藻密度仅与 TN 和 NO_3-N 含量显著相关，且 TN 含量对硅藻的拟合效果最优，秋季贡湖湾水体 TN 含量的升高与硅藻细胞密度增加密切相关。此外，绿藻细胞密度与 SRP 以及 COD_{Mn} 含量显著相关，COD_{Mn} 含量能最优拟合绿藻细胞密度的变化，但绿藻细胞密度的变化趋势与 COD_{Mn} 呈负相关关系（表 5-6）。

表 5-6　秋季藻类细胞密度对数值与水体理化参数的 Pearson 相关性及逐步线性回归分析

理化参数	藻细胞密度对数值（n=30）			
	总藻 [a]	蓝藻 [b]	硅藻 [c]	绿藻 [d]
DO		0.374*		
pH		0.434*		
TN		−0.384*	0.532**	
NO_3-N	−0.386*	−0.483**	0.421*	
SRP		−0.374*		0.461*
COD_{Mn}	0.552**	0.512**		−0.475*

a 总藻对数值=−0.424+0.861COD_{Mn}，R=0.552；

b 蓝藻对数值=−0.019+0.955COD_{Mn}−0.618TN，R=0.602；

c 硅藻对数值=0.063+0.736TN，R=0.532；

d 绿藻对数值=2.659−0.518COD_{Mn}，R=0.475。

* 代表显著相关（p≤0.05）；** 代表极显著相关（p≤0.01）。

贡湖湾是太湖北部的一个大湾，面积约 150km^2，平均水深 1.8m（钟春妮等，2012）。2007 年以来，引江济太常规流量约为 100m^3/s，按照常规入湖流量计算，贡湖湾水体换水周期约 31 天。同时，淡水浮游藻类的增殖周期很短，有研究表明在磷资源饱和的条件下，铜绿微囊藻、四尾栅藻和谷皮菱形藻的最大增长率分别为 0.806 d^{-1}、1.378 d^{-1} 和 1.411 d^{-1}（马祖友等，2005），这三种藻分属于蓝藻门、绿藻门和硅藻门。因此，望虞河来水在太湖贡湖湾停留的时间足以使得浮游藻类群落对引水引起的湖泊水环境的改变产生响应，望虞河引水对贡湖湾生境的改变也会间接影响湖湾藻类的群落演替。

本研究中冬、夏季引水期贡湖湾浮游藻类群落结构以及水体理化参数的特征均与非引水期差异显著，秋季水体理化参数特征差异显著，但藻类群落结构并无显著差异。同时，不同季节影响浮游藻类群落空间分布特征的主导环境因子也有所不同，这与不同季节望虞河来水理化性质不同有关。夏季望虞河 NO_3-N 含量较高，夏季引水期浮游藻类群落中非微囊藻的蓝藻种群占据主导。此前研究表明，微囊藻同其他藻类相比对硝态氮的竞争能力较弱，硝态氮的添加会使得湖泊中的藻类由固氮蓝藻为主演替为绿藻和隐藻占主导（Beadle，1993）。同样，硅酸盐含量也是影响夏季贡湖湾引水期与非引水期藻类群落结构差异的主导环境因子，硅酸盐是硅藻和一些金藻生长过程中不可或缺的营养元素（李雅娟和王起华，1998）。夏季望虞河来水较高的硅酸盐浓度使得贡湖湾水体硅酸盐浓度显著升高，可促进硅藻等藻类生长，从而降低蓝藻的群落组成比重。

冬季贡湖湾 COD_{Mn} 与 Chl a 含量是影响引水期与非引水期藻类群落结构差异的主导环境因子，两者反映了贡湖湾水体有机污染的程度。冬季望虞河引水能显著降低贡湖湾水体的有机污染，而相较于冬季非引水期，引水期贡湖湾水体硅藻的相对比例也显著增加，其中主要优势硅藻种属为小环藻。根据 Reynolds 等（2002）关于浮游藻类功能群的划分，小环藻属于浮游藻类功能群 A，常见于清水、充分混合的湖泊，引水期贡湖湾有机污染的改善为小环藻的大量增殖提供了良好的生境条件。

秋季贡湖湾水体 Chl a、SRP、TP 以及 TN 浓度是影响浮游藻类群落结构差异的主导因子。磷素作为水生生物赖以生存的最基本营养物质之一，也是浮游藻类生长繁殖必需的营养源。磷通常作为营养底物或调节物直接参与光合作用的各个环节，因此磷被认为是淡水水体中最主要的限制元素（Elser et al.，1990）。磷主要有正磷酸盐、聚合磷酸盐和有机磷三种化学形态，溶解的正磷酸盐 SRP 为浮游藻类吸收的最主要形式。由于藻类细胞体内不能直接合成磷酸盐，藻类须从外界环境中摄取一定的磷酸盐来满足生长需要（Halemejko and Chrost，1984）。秋季非引水期贡湖湾水域中 SRP 含量相对高于引水期，贡湖湾较高浓度的 SRP 为非引水期浮游藻类增殖和生长补充了磷营养盐。同时，引水期贡湖湾藻类群落结构与望虞河来水中 TP 和 TN 含量较高也具有重要关联，秋季引水中湖湾硅藻和绿藻相对比例高于非引水期。Pearsall（1932）曾对英国九个大湖泊浮游植物的组成和溶解物质之间的关系进行了研究，发现当水体中硝酸盐、磷酸盐和氧化硅浓度高时，硅藻出现，较高浓度的 N、P 浓度可能更有利于硅藻等藻类的生长，进而取代蓝藻的优势地位。

本研究中浮游藻类细胞密度与水体理化参数间均存在显著的线性相关，部分显著相关的环境因子可较好地拟合浮游藻类密度。夏季贡湖湾水体 pH 对总藻和蓝藻密度的贡献较大，而 TP 对硅藻的密度贡献最大。适宜的 pH 能够促进浮游藻类的生长和繁殖。有研究指出，低 pH（<6.0）有利于真核藻类生长，高 pH（>8.5）有利于蓝藻生长（Seckbach，2007）。蓝藻在高 pH 环境下可以大量生长，而藻类生长又促使 pH 升高，又为一些水华藻类的疯长提供了生长环境（黄钰铃等，2008）。我国的大部分湖泊 pH 均在 7.5～9.0 之间，适宜藻类生长繁殖（金相灿和朱萱，1991）。望虞河引水可显著降低贡湖湾水域 pH，使湖泊水体酸碱环境更适宜于非蓝藻藻类的生长。而 TP 与硅藻密度的显著正相关关系也表明引水期硅藻密度的增加与湖水 TP 含量的增加有重要关联。望虞河入湖水体中 SRP 对 TP 含量具有一定的贡献，正磷酸盐可促进藻类生长，且较高浓度的 SRP 更有利于硅藻的生长。

冬季贡湖湾总藻密度与硅酸盐含量间具有较好的线性关系，硅酸盐浓度与总藻密度呈极显著负相关关系，与蓝藻密度也呈显著负相关，但与硅藻密度呈现极显著的正相关关系。冬季引水期贡湖湾湾内浮游藻类以硅藻门占主导，但湾口水域仍以蓝藻为绝对优势藻类，湖湾蓝藻密度均值仍显著高于硅藻，因此总藻、蓝藻与硅酸盐浓度都呈显著负相关。硅酸盐作为硅藻增殖和生长的重要营养，引水期其在湖湾浓度的增加，也促进了冬季引水期硅藻的生长。此外，冬季贡湖湾蓝藻密度与 NO_3-N 呈显著负相关，这与此前的研究结论一致，较高浓度的 NO_3-N 会更有利于非蓝藻门浮游藻类的生长（Beadle，1993）。

秋季湖湾水体 COD_{Mn} 以及 TN 含量可较好地拟合藻类密度的变化。蓝藻和总藻与 COD_{Mn} 含量显著正相关，但绿藻与之则呈显著负相关。高锰酸盐指数是水体有机污染的重要指示指标之一，秋季非引水期湖湾蓝藻水华的生长造成了局部水域水华堆积，水体有机污染加重，反之引水期水体叶绿素浓度的降低对缓解有机污染也具有重要意义。硅藻密度与 TN 含量的变化显著相关，秋季望虞河来水中 NO_3-N 对河水 TN 具有重要贡献，NO_3-N 含量也与硅藻密度呈显著正相关关系。引水期湖泊 NO_3-N 浓度的增加改变了贡湖湾的生境条件，使之更有利于硅藻增殖。

5.6 本 章 小 结

（1）望虞河引水对贡湖湾湖水流速影响较小，但改变了贡湖湾水体原有的流场分布，促进了区域内水体的交换，流量越大，促进作用越强，但是流量增加并不能显著改善梅梁湾、竺山湾和太湖西南部区域水体的交换能力。风向对贡湖湾水体交换能力的影响也较大，为了实现望虞河引水工程效益的最大化，需要结合具体的风向进行引水程序的适时调整。

（2）引水活动对贡湖湾水质影响最为明显的水域为望虞河入湖口，引水期贡湖湾从望虞河入湖口至贡湖湾湾口，氮磷营养盐浓度递减，而有机污染浓度呈现递增趋势。引水产生的湖泊流场使得贡湖湾西岸水体 TN、TP 以及 Chl a 含量通常高于湾心与东岸水域。

（3）望虞河来水水质综合污染指数均高于湖心区，且贡湖湾 P 值处于望虞河与湖心区 P 值之间，表明望虞河引水有加重贡湖湾水质污染风险的可能，但引水期贡湖湾水质综合污染指数的增加主要归因于望虞河来水氮磷营养盐的输入，且主要影响区域为望虞河入湖口水域。

（4）夏、秋季引水能显著增加湖泊示范区的藻类多样性，夏季引水也可显著减少湖区蓝藻密度，秋、冬季节能明显增加湖区硅藻密度。贡湖湾示范区西岸湾口水域受风浪影响，夏季易堆积蓝藻水华，使得引水改善效果不明显。

（5）不同季节引水期与非引水期浮游藻类群落演替的主导环境因子有所不同，夏季 SiO_3-Si 与 NO_3-N 含量为主导因子，而秋、冬季 COD_{Mn}、TN、TP 以及 SiO_3-Si 含量为主导因子。

（6）太湖不同季节浮游藻类密度与水环境参数间存在明显的定量耦联关系，不同季节总藻、蓝藻、硅藻以及绿藻密度与水环境参数的耦联关系均有所不同，夏季水体 pH、浊度以及 COD_{Mn} 能较好地拟合总藻与蓝藻密度，而 TP 与 TN 能较好地拟合硅藻密度，秋、冬季藻类密度仅与单因子水体理化参数存在线性耦联关系。

6　基于生态适宜的引水工程调度方式研究

6.1　研　究　方　法

6.1.1　实验模型建立

夏季太湖蓝藻水华易在北部湖湾堆积成灾。贡湖湾作为太湖典型的富营养化湖区，也是"引江济太"工程的入湖口，引水调控工程首先影响贡湖湾的水体环境，因此于 2014 年 9 月从贡湖湾采集原位湖水 75L，在常熟水利枢纽长江段、望亭水利枢纽上游望虞河段分别采集原位江水 10L、河水 10L，并运至实验室中。将湖水于 24h 内分装至 12 个 5L 的锥形瓶中，并放置于人工气候箱中作为富营养化湖泊模拟体系。

将江水与河水混合之后作为模拟实验望虞河来水（R，river sample）并分装于 5L 的锥形瓶中，通过透明塑料导管将河水引入模拟生态系统中。引水流量调节按每滴河水 0.05mL 计算，采用螺纹轴控制阀门进行滚动调节。

选取望虞河引水的 3 种实际流量（25m³/s、100m³/s、200m³/s），其中 100m³/s 为望虞河常规调水流量，根据贡湖湾全年平均水量（2.7×10^8 m³）与模拟实验体系水量（5L）的比值，计算并设置模拟实验的调水水量（43.2mL/d、172.8mL/d、345.6mL/d）。实验设置不引水对照组（c，control group）和以上 3 种引水处理组（低流量组 L，low flow group；中流量组 M，middle flow group；高流量组 H，high flow group），每组设 3 个平行实验，共 12 个实验体系，随机放置于人工气候箱中进行培养。根据夏季贡湖湾湖区的实际情况，模拟实验的培养温度拟选取 30℃，由于实验模型为水生微宇宙模型，光照度与水深的关系符合比尔定律，所以室内实验光照度选取 4000lx（张海春等，2010），相对湿度均控制为 75%~80%，光照时间为昼夜 1：1。图 6-1 所示为一组流量大小的调水实验装置，同一流量组设置 3 个平行。

采样时，现场测定水体水温、pH、DO、电导率（electricity conductivity，EC）、矿化度（total dissolved solids，TDS）等指标，室内测定 SiO_3-Si、TN、NO_3-N、NH_4-N、TP、SRP、TOC 等指标，具体指标值如表 6-1 所示。

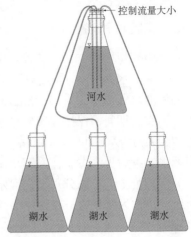

图 6-1 实验装置示意图

表 6-1 现场采集的湖水与河水理化指标值

理化指标	水温/℃	pH	DO/（mg/L）	TDS/（mg/L）	EC/（μS/cm）	SiO₃-Si/（mg/L）
湖水	29.5	8.01	8.04	418	639	2.56
河水	29.6	7.90	6.93	473	728	4.74

理化指标	TN/（mg/L）	NO₃-N/（mg/L）	NH₄-N/（mg/L）	TP/（mg/L）	SRP/（mg/L）	TOC/（mg/L）
湖水	0.65	0.13	0.47	0.061	0.012	4.29
河水	1.94	1.53	0.31	0.172	0.044	4.44

通过与 2011～2014 年夏季望虞河入湖口河水及贡湖湾湖水常规水体理化指标含量（表 6-2）对比可以看出，所采水样 TN、TP、有机物等主要指标均在河湖水体平均水平上，具有代表性。

表 6-2 2011～2014 年夏季望虞河与贡湖湾湖区常规水体理化指标含量

水体理化指标	望虞河					贡湖湾				
	2011	2012	2013	2014	均值	2011	2012	2013	2014	均值
水温/℃	30.0	31.9	26.9	26.4	28.8		31.4	33.2	29.6	31.4
pH	7.4	7.9	7.4	7.5	7.55		8.8	8.9	8.4	8.7
COD$_{Mn}$/（mg/L）	5.9	4.7	4.3	3.4	4.6		3.5	4.1	4.1	3.9
TN/（mg/L）	3.06	2.23	2.33	2.39	2.50	—	1.11	0.90	1.32	1.11
NH₄-N/（mg/L）	0.99	0.17	0.43	0.47	0.52		0.19	0.09	0.16	0.15
NO₃-N/（mg/L）	1.72	0.66	1.32	1.31	1.25		0.05	0.09	0.29	0.15
TP/（mg/L）	0.147	0.096	0.104	0.138	0.121		0.075	0.067	0.047	0.063
SRP/（mg/L）	0.069	0.015	0.058	0.089	0.058		0.013	0.009	0.010	0.010

6.1.2　实验方案设置

实验初步培养 11 天,按设定引水量逐日添加河水于实验体系中。添加河水前,先采集受水水体样品,再向对照组补充湖水以维持体积为 5L,同时以对照组的体积为标准,M 流量组(172.8mL/d)与 H 流量组(345.6mL/d)则需抽取适量实验水体。实验期间,保持实验体系水量一致。采样时间设置为实验运行的第 1、3、5、7、9、11 天,其中,调水期为 11 天,第 12 天后停止调水,于第 21 天取样观察调水结束后受水实验体系浮游藻类的恢复情况。

实验第 1 天,先分别测定河水与湖水的理化指标和鉴定浮游藻类生物量与群落组成,作为背景值。每次样品采集前,先测定受水水体水温、pH、DO、TDS、EC 和浊度。实验从每个体系中各取 150mL 水样,分别用于测定水体 TN、TP、NH_4-N、NO_3-N、SRP、SiO_3-Si 以及 TOC 含量。每个实验体系再取 150mL 水样,并将每个实验组的 3 个平行水样进行混合后量取 300mL 作为浮游藻类水样,向其中加入 5mL 的鲁戈氏试剂,固定浮游藻类样品,经 24h 沉降浓缩至 10mL,鉴定分析浮游藻类群落与生物量。

样品检测分析方法及数据处理方法见第 3 章。其中水质指标数据剔除明显的系统误差和离群值,计算 3 组平行样的平均值(±标准偏差)作为最终结果再进行统计分析。微生态系统水体理化参数的组间差异采用重复测量方差分析方法(repeated measures)在统计分析软件 SPSS 16.0 中进行计算分析。

6.2　不同引水流量影响下实验生态系统要素的变化

6.2.1　不同引水流量影响下实验水体水质的变化

由前述表 6-1 可知,调水前河水的 TN、TP 等主要理化指标值高于湖水,河水的水质劣于湖水,与表 6-2 常年平均水平一致。望虞河作为调水的主要河道,由于西岸支流污染较严重,直接影响入湖水质,造成有时 TN、TP 等浓度要高于贡湖湾水体(马倩等,2014;闻欣等,2014)。但望虞河西岸来水水量较小,随着调水流量的增大,干流水位的抬高会对望虞河西岸支流产生顶托影响(张霄宇等,2008),抑制污染水体进入望虞河主河道。

不同流量调水条件下,受水水体理化指标的变化如图 6-2 所示。

实验过程中,各实验组的水温均值在 29.2～29.6℃范围内(图 6-2(a)),其间存在微小波动属于正常范围,温度作为实验的基本环境条件之一,满足要求。

pH 均值在 7.96～8.44(图 6-2(b)),实验的酸碱环境条件满足浮游藻类生长。随时间呈波动上升趋势,水体中营养盐不同形态的转化、浮游动植物的生长、各物质的分解等都会引起 pH 的变化。各组间 pH 并无显著性差异（$p>0.05$）。

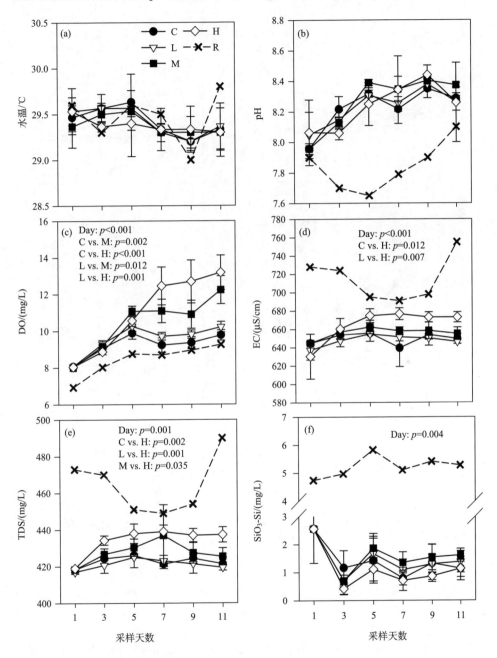

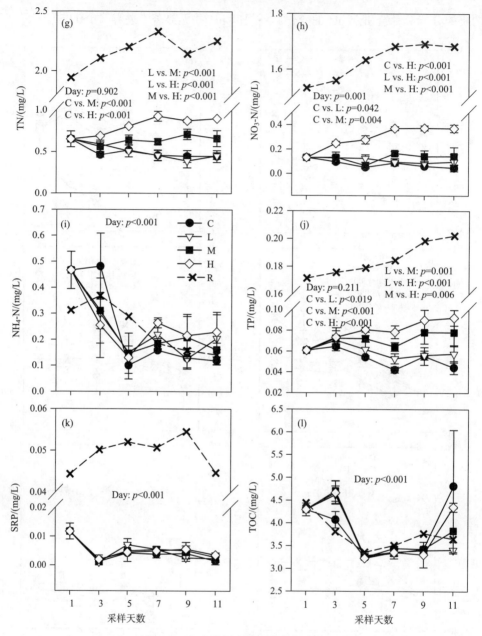

图 6-2　各实验组水体理化指标变化图

　　水体 DO 含量随调水时间呈现上升趋势，同一实验组不同时间点的 DO 含量差异显著（图 6-2（c），$p<0.001$），在第 5 天各组间出现明显差异。实验组 H 水体 DO 含量持续上升，增幅较大，显著高于其他实验组次，实验组 M 第 5 天后略

有下降，第 9 天后又上升，对照组 C 与实验组 L 并无明显差异（$p>0.05$），第 5 天后开始下降，而后略有回升。

实验过程中，水体的 EC 与 TDS 值随调水时间呈现缓慢上升趋势，同一实验组不同时间点的 EC 与 TDS 值差异显著（$p<0.05$），说明与调水时间有明显相关性（图 6-2（d）、（e），$p<0.001$），实验组 H 水体的 EC 值、TDS 值整体呈增加趋势，对照组 C 和实验组 L、M 的则先上升第 5 天后有所下降，实验组 H 的 EC 与 TDS 值显著高于对照组 C 和实验组 L、M（$p<0.05$）。

SiO_3-Si 浓度随调水时间先下降后稳定，同一实验组不同时间点的 SiO_3-Si 含量差异显著（图 6-2（f），$p<0.05$），调水过程中受水水体 SiO_3-Si 含量减少；各组间差异不明显（$p>0.05$），实验组 H 的 SiO_3-Si 浓度整体低于其他实验组。

TN 含量的变化各组间差异显著（图 6-2（g），$p<0.001$），实验组 H 呈缓慢上升，实验组 M 基本保持稳定，实验组 L 和对照组 C 趋势相近，均有所下降。NO_3-N 含量除了实验组 H 随时间缓慢上升（图 6-2（h），$p<0.001$）外，其他组无显著性差异，随时间略有下降。NH_4-N 含量随调水时间的变化明显（图 6-2(i)，$p<0.001$），第 5 天已降到最低，而后有所增加，但整体呈下降趋势。不同形态的氮盐之间存在着相互转化，浮游动植物对氮盐的利用形式也不同，所以不同形态的浓度变化趋势有差异。

TP 含量各实验组有显著性差异（图 6-2（j），$p<0.05$），实验组 H、M 的 TP 浓度均有所增加，H 的增量大于 M，而实验组 L 和对照组 C 从第 3 天开始有所下降，第 11 天含量略低于初始状态。SRP 含量从第 1 天到 3 天明显下降，而后有所增加并趋于稳定（图 6-2（k），$p<0.001$），第 11 天低于初始值，各组无明显差异（$p>0.05$）。

TOC 含量受调水时间影响变化明显（图 6-2（l），$p<0.001$），第 5 天下降到最小值后趋于平稳，第 9 天后又有所增加，有的甚至恢复到初始状态，这与藻类死亡后再分解有关，各组间无明显差异（$p>0.05$）。

总体上看，调水对水体各主要理化指标有明显影响，pH 和 DO 随着调水不断增加，EC 和 TDS 也略有增加，高流量组的值大于其他实验组，SiO_3-Si、TOC、SRP 随调水有所下降，高流量组的值小于其他组，各组差异不显著。TN、NO_3-N、TP 除高流量组有明显增加外，其他组变化不明显，高流量实验组与其他实验组有显著差异。

6.2.2 不同引水流量影响下藻类群落组成的变化

整个实验过程中，4 个实验组的水体中共检出浮游藻类 8 门 61 属，分别为蓝藻门的微囊藻（*Microcystis*）、鱼腥藻（*Anabena*）、束丝藻（*Aphanizomenon*）、平裂藻（*Merismopedia*）、伪鱼腥藻（*Pseudanabaena*）、腔球藻（*Coelosphaerium*）、

颤藻（*Oscillatoria*）、色球藻（*Chroococcus*）、尖头藻（*Raphidiopsis*），绿藻门的小球藻（*Chlorella*）、栅藻（*Scenedesmus*）、实球藻（*Pandorina*）、胶球藻（*Gloeocapsa*）、小空星藻（*Coelastrum microporum*）、空星藻（*Coelastrum*）、空球藻（*Eudorina*）、韦斯藻（*Westelia*）、十字藻（*Crucigenia*）、四角藻（*Tetraedron*）、纤维藻（*Ankistrodesmus*）、四球藻（*Tetrachlorella*）、肾形藻（*Nephrocytium*）、卵囊藻（*Oocystis*）、盘星藻（*Pediastrum*）、衣藻（*Chlamydomonas*）、蹄形藻（*Kirchneriella*）、四粒藻（*Tetrachlorella Korshikov*）、月牙藻（*Selenastrum*）、鼓藻（*Cosmarium*）、弓形藻（*Schroederia*）、顶棘藻（*Chodatella*）、并联藻（*Quadrigula chodatii*）、四星藻（*Tetrastrum*）、新月藻（*Closterium*）、转板藻（*Mougeotia*）、胶网藻（*Dictyosphaerium*），硅藻门的舟形藻（*Navicula*）、针杆藻（*Synedra*）、颗粒直链藻（*Melosira granulata*）、四棘藻（*Atthetas*）、扎卡四棘藻（*Attheya zchariasi*）、双壁藻（*Diploneis*）、曲壳藻（*Achnanthales*）、长蓖藻（*Neidium*）、双菱藻（*Surirella*）、卵形藻（*Cocconeis*）、菱形藻（*Nitzschia*）、根管藻（*Rhizosolenia*）、短缝藻（*Eunotiales*）、脆杆藻（*Fragilaria*）、异极藻（*Gomphonema*）、桥弯藻（*Cymbella*）、布纹藻（*Gyrosigma*）、小环藻（*Cyclotella*），金藻门的鱼鳞藻（*Mallomonas*）、黄群藻（*Synura*），裸藻门的囊裸藻（*Trachelomonas*）、扁裸藻（*Phacus*），黄藻门的小黄丝藻（*Tribonema. affin*），以及隐藻（*Cryptophyta*）和甲藻（*Pyrrophyta*）。

表 6-3 所列的是调水期间各实验组的优势藻种情况，从表中可以看出，对照组与三个实验组中，初始时微囊藻为绝对优势藻种，调水期间藻种有向绿藻、硅藻转变的趋势。实验期间藻类群落组成的相对比例及变化如图 6-3 所示，河水整体以硅藻为优势藻种，在调水初期实验组蓝藻所占比例较大，为绝对优势藻种，调水过程中，各实验组的藻类群落比例发生变化，与对照组对比，实验组 L、M、H 硅藻和绿藻比例增加，蓝藻比例下降。调水停止后（21 天）实验组 H、M 的蓝藻比例较初始状态有所增加，实验组 L 和对照组 C 最后与初始状态持平。调水时间较短，蓝藻比例只是在调水过程中有波动，但未有明显的下降趋势。

表 6-3　各实验组的优势藻种

调水时间/d	实验组			
	C	L	M	H
1	微囊藻	微囊藻	微囊藻	微囊藻
3	颗粒直链藻	微囊藻	微囊藻	颤藻
5	微囊藻	颤藻	微囊藻	颤藻
7	颗粒直链藻	栅藻	胶网藻	微囊藻
9	微囊藻	微囊藻	栅藻	伪鱼腥藻
11	微囊藻	微囊藻	伪鱼腥藻	颤藻

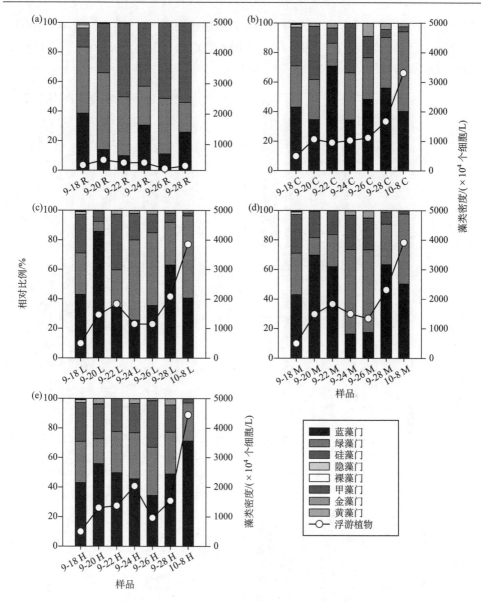

图6-3　各实验组藻类群落组成变化图（见彩图）

　　望虞河河水的蓝藻种群以伪鱼腥藻（*Pseudanabaena*）属占据绝对优势
（图 6-4（a）），引水过程中对照组均以微囊藻（*Microcystis*）为主导蓝藻类群
（图 6-4（b））。低流量组在第 5～7 天颤藻（*Oscillatoria*）的相对比例增加明显，
取代微囊藻成为优势蓝藻种属（图 6-4（c）），但随着引水持续，微囊藻又成为优
势种，伪鱼腥藻比例有所增加。中流量组在第 9～11 天伪鱼腥藻的相对比例增加
显著，而颤藻比例明显减少（图6-4（d））。高流量组在引水过程（第3～9天）中颤

藻取代微囊藻占据绝对优势，第 11 天时伪鱼腥藻比例突然显著增加（图 6-4（d））。三种引水流量处理组在引水停歇 10 天后微囊藻均成为主导蓝藻种属，但高流量组伪鱼腥藻的比例要高于中、低流量组（图 6-4）。

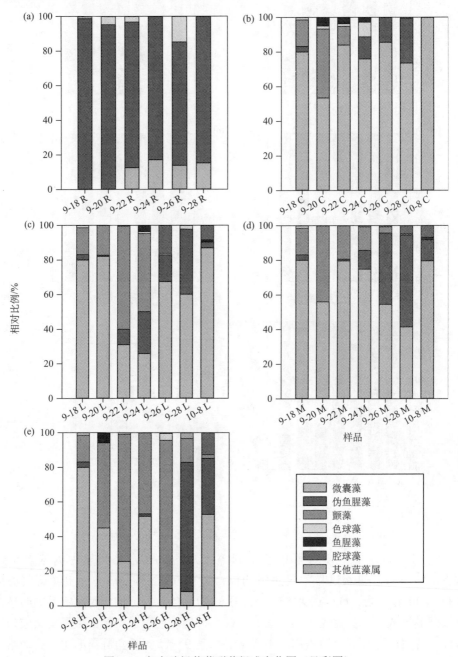

图 6-4　各实验组蓝藻群落组成变化图（见彩图）

　　模拟实验望虞河河水中硅藻以颗粒直链藻（*Melosira granulata*）、小环藻（*Cyclotella*）和针杆藻（*Synedra*）为主（图6-5（a）），而湖水对照组中硅藻则以颗粒直链藻和小环藻占据优势，其中颗粒直链藻占据主导地位（图6-5（b））。低

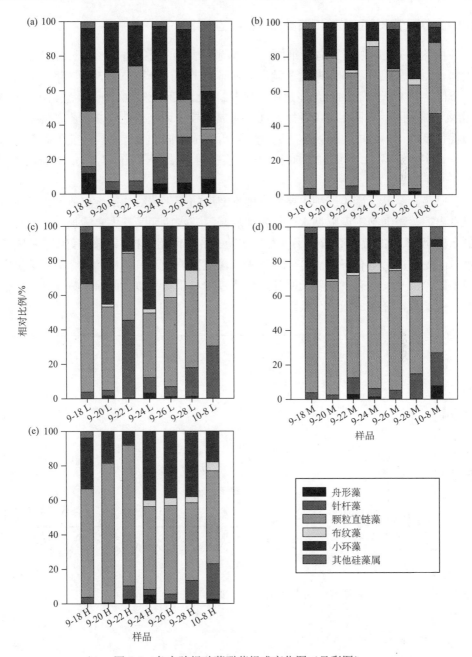

图6-5　各实验组硅藻群落组成变化图（见彩图）

流量与中流量引水组从引水开始均以颗粒直链藻为主导（图 6-5（c），（d））。高流量组第 7～11 天小环藻属比例增加显著（图 6-5（e））。引水停歇 10 天后，各实验组中针杆藻比引水过程中增加明显，小环藻比例又逐渐降低（图 6-5）。

6.2.3　不同引水流量影响下藻类细胞密度的变化

由图 6-3 还可以看到总藻细胞密度随调水时间的变化情况，对照组 C 呈上升趋势，而实验组总藻细胞密度在调水前期不断上升，分别在第 5 天、第 7 天后有所下降，第 9 天略有回升，停止调水后（21 天）细胞密度大小为实验组 H>实验组 M>实验组 L>对照组 C，各组之间无明显差异，调水未能使藻细胞密度减小，但促使藻类群落组成比例发生了改变，群落组成有向非蓝藻种属转变的趋势。对比三个实验组第 11 天的总藻细胞密度，实验组 H 的藻类增长速率低于其他实验组，受到抑制。

蓝藻、绿藻、硅藻三种主要藻种细胞密度的变化曲线如图 6-6 所示，由图可以看出，蓝藻细胞密度随调水进程先增后减，调水后期又有大幅增加，实验组 H 的水体第 11 天的蓝藻数量要小于其他实验组和对照组；硅藻数量的变化趋势随调水时间先增加后略有下降，实验组 H 的硅藻数量略高于其他实验组；绿藻数量平稳上升，第 9 天略有下降后又回升，整体趋势与蓝藻相似，但绿藻数量到达峰值时是蓝藻数量降到最低的时候。

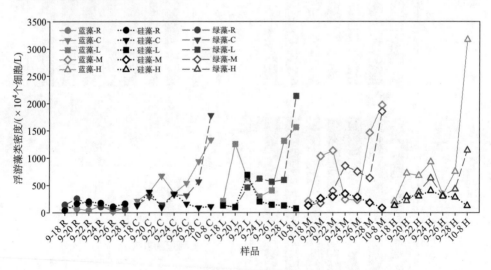

图 6-6　不同流量调水下藻类细胞密度变化图

6.2.4　引水藻类群落多样性和均匀度的变化

　　各实验组 Shannon-Wiener 多样性指数、Pielou 均匀度指数的变化曲线如图 6-7（a），（b）所示。实验开始前各组多样性指数为 2.28，调水初期各组均有所减小，而后开始增大，实验组 L 和 M 的波动大于实验组 H，调水后期三组的多样性指数大小为 H>M>C>L，最后却是 H>M>L>C，多样性指数变化范围为 1.09～2.59，随着调水的进行，水体藻类群落组成整体上稳定程度均有所增加，但变幅不大，只是实验的第 21 天，调水停止后水体藻类多样性指数较之前明显减小。实验开始前各组均匀度指数为 0.22，调水初期除实验组 H 外各组均有所减小，而后开始增大，实验组 L 的波动范围较大，调水后期三组的多样性指数大小为是 H>M>L>C，除 H 组的均匀度指数较初始值有所增大外，其他各组略小于初始值，说明高流量调水组浮游藻类种群个体数目分配趋于均匀。均匀度指数变化范围为 0.13～0.35，实验的第 21 天，调水停止后水体藻类均匀度指数较之前略有减小。

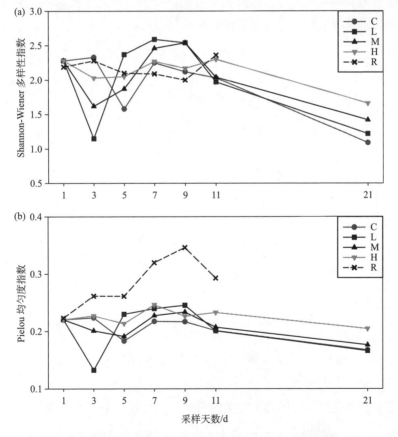

图 6-7　各组藻类 Shannon-Wiener 多样性（a）和 Pielou 均匀度指数（b）变化图

6.2.5　不同引水流量影响下藻类群落结构的动态

不同流量调水下藻类群落结构的主成分排序图如图 6-8 所示。由图可以看出，第 1 主坐标轴的贡献率为 35.4%，解释了藻类群落结构变化差异信息的 35.4%，第 2 主坐标轴的贡献率为 16.7%，解释了藻类群落结构变化差异的 16.7%，两者累积贡献率为 52.1%。图上结果显示，代表不同流量调水组藻类群落结构组成的样方点距离很近，表明反映在排序图上的趋势变化相似，即三组实验的藻类群落结构相似，同时，对藻类群落结构进行的相似性分析结果表明，除了实验组 H 与对照组（c）有显著差异（$p<0.05$），各实验组间相似性的 p 值均大于 0.05，说明高流量调水对藻类群落的影响差异显著，其他各实验组间差异不显著；同时分析调水前后群落结构相似性得到 p 值小于 0.05，由此说明调水前后藻类群落结构的组成差异显著。因为是概化的微宇宙水生态系统，生物多样性较实际情况单一，加上实验条件所限，调水时间较短，所以各实验组反映在排序图上的藻类群落结构并无明显差异，只是藻类群落组成和细胞密度的改变上有所差异，高流量调水组引起藻类群落组成的变化与其他组之间差异显著。

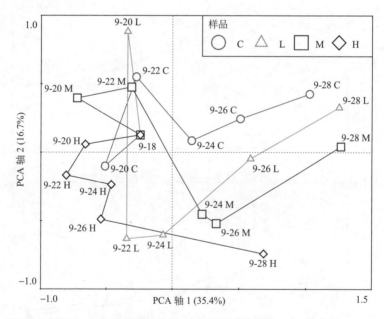

图 6-8　不同流量调水下各组藻类群落结构的 PCA 排序图

6.2.6　藻类群落变化与环境因子相关性分析

这里对不同流量调水实验的受水水体浮游群落结构与水体环境因子进行排

序分析，首先根据藻类群落结构除趋势对应分析的结果，最大排序轴的长度为
1.328，藻类群落结构与环境因子相关性分析选用基于线性模型的冗余分析，并用
二维排序图展示环境因子与藻类群落之间的关系。RDA 分析结果见表 6-4 和
图 6-9。表 6-4 为对藻类群落进行 RDA 分析时的统计信息，表中显示图 6-9 中第
一排序轴和第二排序轴的特征值分别为 0.205 和 0.103，种类与环境因子排序轴的
相关系数为 0.787 和 0.803，藻类群落与水体环境因子相关关系的 46.2%体现在第
一排序轴上，前两个排序轴集中了全部排序轴所能反映全部相关关系的 69.4%。
说明此排序分析可以较好地反映浮游藻类群落与环境因子的关系。

表 6-4 RDA 排序结果

项目	排序轴			
	1	2	3	4
特征值	0.205	0.103	0.079	0.032
物种-环境相关性	0.787	0.803	0.793	0.682
物种累计百分比	20.5	30.8	38.7	42.0
物种-环境关系累计百分比	46.2	69.4	87.1	94.4
典范特征值总和	0.445			

冗余分析手动选择所选的 DO、TN、NO_3-N、NH_4-N、SRP、SiO_3-Si 这 6 个
环境因子共解释了 44.5%的藻类物种数据，从 RDA 分析图上显示的箭头连线的长
度可以看出选取的 6 个环境因子对浮游藻类群落都有一定程度的影响，所选环境
因子在第一、二轴共解释了 30.8%藻类群落结构的变异，其中 NO_3-N、DO 与 TN
分别解释了 14%、11%和 7%的藻类群落变化。NO_3-N（$p=0.002$）、DO（$p=0.020$）、
TN（$p=0.05$）三个因子的连线长度较长，与不同流量组藻类群落的变化相关性显
著，其中 NO_3-N 极显著。

根据代表不同调水日期藻类群落的样方点与环境因子分布情况，可以看出调
水初期主要是 NH_4-N 和 SRP 影响水体藻类群落，调水中期不同实验组的水体理
化指标含量发生变化，对照组 C 的藻类群落主要受 SiO_3-Si 的影响，与 NO_3-N 和
TN 含量呈明显负相关，实验组 M 和 L 的藻类群落结构变化主要与 DO 含量呈正
相关，实验组 H 则与 NO_3-N 和 TN 含量呈正相关，总体上看，不同流量的调水主
要引起了受水水体 NO_3-N、DO、TN、NH_4-N、SRP 和 SiO_3-Si 因子含量的变化，
进而驱动了藻类群落结构的变化。

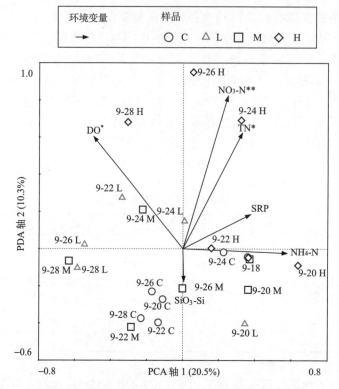

图 6-9　各组藻类群落与环境因子相关性的 RDA 排序图

*代表显著相关（$p \leqslant 0.05$），**代表极显著相关（$p \leqslant 0.01$）

6.3　水体理化指标响应特征分析

　　温度是水环境中影响藻类生理活性极其重要的因素，是实验正常进行的基本保障之一，整个实验过程中，调水没有引起水温的大幅变化，水体温度主要还是受外界设定的环境温度影响。pH 作为藻类生长的另一基本环境条件，对藻类的新陈代谢、细胞活性有着重要作用（马祖友等，2005），同时藻类细胞生消、理化因子转化等一系列反应也会影响水体的酸碱性，随着调水的进行，pH 略有增大，但pH 始终保持在藻类适宜生长的范围内，且对照组与各实验组之间无显著性的差异，说明实验中并未因调水改变水体 pH。DO 作为反映水生生物生长条件的重要环境因子，是水体自净能力的表现，过高和过低都会引起水体生态失衡，富营养化水体中藻类大量繁殖，使水生生物群落的种类数量发生改变，影响水生植物光合作用。实验过程中，高流量和中流量的引水实验组 DO 含量随着调水时间不断增加，各组间差异显著，藻类生长过程中的光合作用会对 DO 含量的增加做出贡献。实际调水时，河水因其流动特性，水体复氧能力较强，增加受水水体 DO 含量，进而可以促进水体的自净，使藻类数量得到控制。

此外，EC 和 TDS 作为反映水体无机盐污染程度的综合指标，也是表征水体是否健康的重要参数（齐悦，2011）。本实验中，由于所调河水的营养盐含量高于湖水，故高流量调水组的 EC 和 TDS 值略高于其他组，有显著差异，中、低流量调水组后期 EC 和 TDS 值有下降的趋势，由于本项实验调水时间有限，无法判断后续调水的变化情况。SiO_3-Si 是硅藻类浮游植物生长所必需的营养物质，与硅藻的细胞结构和新陈代谢有着密切的关系（李雅娟和王起华，1998）。实验中河水的 SiO_3-Si 含量高于湖水，但受水水体的 SiO_3-Si 含量并未随着调水的进行持续上升，整体上调水后期 SiO_3-Si 含量低于调水初期，而且对比发现，高流量调水组的 SiO_3-Si 含量始终低于其他实验组，分析是由于水体中硅藻的生长繁殖对 SiO_3-Si 的利用使得含量不增反降，实验的调水时间太短无法呈现 SiO_3-Si 含量累积增加的效果。孙凌等（2007）等所做围隔试验发现，硅营养盐的增加虽不能使优势种群发生变化，但能促进硅藻及其他藻类的生长，减小蓝藻、绿藻比例，改变少数蓝藻、绿藻占据优势的状态，从而提升水生态系统多样性水平。

氮、磷营养盐含量过多是水体蓝藻水华产生的直接原因，对于本项调水实验也是主要的分析对象。TN 是指水体中各种形态氮含量的总和，溶解性无机氮主要以硝态氮（NO_3-N）、亚硝态氮（NO_2-N）、氨氮（NH_4-N）为主，是可被水生植物直接吸收的重要形式。在实验过程中，高流量调水组的 TN 含量随引水过程的持续有所上升，调水后期趋于稳定，分析由于实验中河水的初始 TN 值高于湖水，高流量输入湖水的量也就高于其他流量组，各组间有显著差异，中流量调水组和低流量调水组后期甚至略低于初始值，而 NO_3-N 在 TN 中比例较高，故 NO_3-N 含量的变化相似，除了高流量调水组是不断增大外，其余流量组略有下降，故高流量调水组的藻类群落与 TN 和 NO_3-N 含量呈正相关，而其他实验组呈负相关，由于生态系统微小，调引的河水无法立刻与湖水形成新的水生态环境，所以 TN 和 NO_3-N 的含量短期内不会大幅下降。NH_4-N 是氮在水体中的又一种存在形式，是水体中的主要耗氧污染物，其含量从开始调水就有所下降，DO 含量的增加会促进 NH_4-N 向 NO_3-N 转化。自然界中磷常以各种形式的磷酸盐存在，湖水中 TP 包括颗粒态和溶解态两种基本形态，它们之间存在着相互转化的动态平衡（Halemejko and Chrost, 1984）。实验中，高流量调水组和中流量调水组的 TP 含量整体呈上升趋势，低流量调水组和对照组却是在下降，河水 TP 浓度高于湖水，故高流量的调水使湖水 TP 含量增加。SRP 含量各组间差异不显著，对照组和实验组 SRP 浓度都有所下降，这与体系自身蓝藻利用、磷形态转化等有关，SRP 浓度较低，所以成为影响藻类群落的环境因子之一。

实验水体中 TOC 随时间而下降，各组差异不显著，一方面水体理化指标的变化促进了水体有机物的分解，另一方面藻类是 TOC 的生产者之一，藻类细胞密度的变化引起了 TOC 含量的变化，TOC 含量的减少是水体不断净化、水质转良的表现（黄永东等，2005）。

6.4　浮游藻类群落结构的响应特征分析

环境因子可决定浮游藻类的群落结构特征（苏玉等，2011），浮游植物的群落结构及其动态变化规律是多个环境因子在时间和空间序列上作用的结果（石晓丹，2008）。对照组与三个实验组中，初始时微囊藻为绝对优势藻种，随着调水的进行，绿藻和硅藻的相对比例增大，优势藻种有向绿藻、硅藻转变的趋势。总藻细胞密度随着调水先增多后减少，调水停止后又恢复甚至增多，蓝藻、绿藻细胞密度变化有增有减，硅藻数量在增加，这与前述 SiO_3-Si 含量变化相对应，但蓝藻数量仍高于绿藻和硅藻数量。高流量调水组的蓝藻细胞密度增幅低于中流量和低流量调水组，调水并未直接减少藻类尤其是蓝藻细胞的数量，而是影响蓝藻细胞增长速率，同时促进了硅藻等生长，增强对蓝藻的营养竞争，对藻类群落的组成比例产生了影响，高流量调水的作用更明显。

从主成分分析和相似性分析结果可得出，短期的调水过程中，浮游藻类在群落组成和细胞密度的变化上各组呈现出一定的差异，但反映在排序图上的浮游藻类群落并无明显差异。模型的建立简化缩小了太湖这一湖泊生态系统，空间尺度的改变显著影响了浮游藻类的生存环境，由于藻类生理习性的差异，物种对环境的变化是有一个适应过程的，所以本实验中受水水体藻类群落结构对调水这一外界施加的胁迫作用的响应不敏感。

多样性和均匀度变化趋势能够反映出藻类群落物种数的变化和群落的稳定程度。高流量调水水体的多样性是稳中增大，藻类物种多样性上升，水环境状况在变好；而低流量调水带来的是水体多样性的不稳定增大，最后还略低于初始值，说明低流量调水也会使水体藻类群落组成向着稳定的方向发展，只是需要时间足够长，效果才能表现出来。实验的第 21 天水体藻类多样性变差，藻类物种数下降，这是由于实验时间过长，后期没有再进行引水处理，加上本实验体系本来就是微生态系统，物种数量有限，同时受到营养盐限制。总体上看，调水对水体藻类群落的多样性和稳定程度有促进作用，流量越大，促进作用越显著。

RDA 排序反映了浮游藻类与水体环境因子的对应关系，分析结果与前述水体理化指标变化特征和浮游藻类细胞密度及群落组成比例变化相一致。水体的 NO_3-N、DO 和 TN 是影响藻类群落变化的主要环境因子，其中 NO_3-N 极显著，尤其对高流量调水组的藻类群落结构，呈明显的正相关，而对其他实验组和对照组起到了相反的作用，TN 与 NO_3-N 之间存在着相关性，故 NO_3-N 因子对藻类的作用也体现在 TN 对藻类的影响上。DO 是基本的水体环境因子，其含量的变化影响着水体中溶解的多种营养盐含量的变化，进而对藻类群落产生影响，同时藻类光合作用也会增加水体中 DO 含量，两者呈现明显正相关性，尤其是对高流量和中流量这两组 DO 含量随调水增加的实验组的藻类群落。NH_4-N、SRP 在调水初期浓度高，所以调水初期的群落结构样方点分布在其附近，呈正相关，之后浓度下降，后期的群落与之呈负相关，SiO_3-Si 相对影响效应较小，对中流量调水组和对照组影响比较集中。

综合上述分析可知，引水调控工程不是简单地对藻类进行稀释，使数量直接减少，引水对受水湖泊浮游藻类群落的影响与受水湖泊理化环境的改变密切相关，本实验中调水虽未引起受水水体浮游藻类群落结构的明显变化，但是调水改变了水体的 pH、DO 含量以及 TN、NO_3-N、TP、SRP、SiO_3-Si 等营养盐的浓度，影响了不同种属藻类的生长情况，使藻类群落组成发生了改变，削弱了蓝藻的优势状态，高流量的调水对水体藻类群落的多样性有促进作用，对藻类的影响效果更显著。

6.5 基于水生态效应的引水调度策略分析

本书研究了望虞河引水入湖活动对贡湖湾水生态要素的影响，重点关注了引水流量、季节以及引水时长这 3 个引水参数与湖泊水生态要素响应间的关联，从湖泊水生态效应角度，为望虞河引水调度提供技术参考和建议。

6.5.1 引水时节

对比分析不同季节引水期与非引水期贡湖湾水化学参数与浮游藻类群落的分布特征，发现不同季节望虞河引水入湖对贡湖湾水生态要素的影响均有差异。夏、秋、冬季望虞河入湖河水的氮磷营养盐含量均显著高于湖心区，造成引水期贡湖湾水体氮磷营养盐的含量较非引水期有所增加。从氮盐含量来看，入湖氮盐形态主要为 NO_3-N，且夏季望虞河 NO_3-N 含量最低，这与潘晓雪等（2015）的研究结论一致。同时，不同季节的引水活动均可显著降低贡湖湾的有机污染负荷。夏季太湖贡湖湾易暴发水华，影响湖湾水源地饮用水安全。现行的引江济太调度方案以太湖水位作为主要调度依据，而夏季太湖水位通常高于调水限制水位，因此夏季引水入湖活动相对较少，但在夏季并无防洪压力的时段，太湖调水限制水位的调度控制没有充分考虑夏季贡湖湾水质条件改善，也没有显著缓解太湖北部湖湾藻华堆积的灾害和风险。此前的研究已表明，望虞河引水入湖时，梅梁湾泵站投入运行可有效增加梅梁湾水体流动，改善湖湾水质（Li et al.，2013）。因此，在无防洪压力的前提下，从水环境改善和防治水华角度考虑，应适当增加太湖夏季引水入湖频次。

秋、冬季节的引水活动虽然能够显著降低贡湖湾水体有机污染负荷，但因处于平水与枯水期，望虞河主河道水量减少，对望虞河西岸支流的顶托作用减弱，导致重污染支流的污染物易转移至主河道，会加重贡湖湾氮、磷营养盐负荷，以冬季最为明显。与此同时，秋、冬季湖湾蓝藻水华暴发的可能性远低于夏季，此时单纯地为保障太湖水位而开展长时间和高流量的引水入湖活动，会存在太湖水质污染负荷增加风险。因此，建议在夏秋换季时节，适当减少太湖外排水量，不仅可在秋、冬季减少河网污水入湖水量需求，还可通过将湖水外排至河道，减轻秋、冬季河网水体污染。

从望虞河引水入湖对贡湖湾浮游藻类群落的影响结果也可以看出，引水入湖既可显著降低贡湖湾微囊藻细胞密度，增加硅藻细胞密度，又可以显著增加湖湾浮游藻类多样性，促进小环藻等非富营养水环境中藻类的增殖，夏季引水的效果最为显著。

此外，春末夏初通常是太湖微囊藻复苏且开始占据群落优势的时节，而长江水体中硅藻为优势藻类类群。在该时节适当进行引水入湖活动可有助于带走湖湾微囊藻藻源，促进硅藻增殖。

因此，综合上述分析结果，在满足防洪要求的前提下，在太湖存在蓝藻水华灾害的情况下，可适当增加春末夏初与夏季望虞河的引水活动，适当提高太湖蓄水量，减少秋、冬季引水入湖水量和频次，可更好地改善贡湖湾乃至整个太湖的水生态。

6.5.2　引水流量与引水时长

引水流量是引水调度的关键控制参数。由 2007 年引江济太工程常态化运行以来望虞河引水入湖的流量分析可见，从 2007 年开始，望虞河引水入湖活动主要发生在非汛期，即秋季和冬季，最高流量 253 m³/s，最低流量 6.9 m³/s，平均入湖流量 90.6m³/s。从 2013 与 2014 年引水流量数据来看，两年冬季引水流量差异显著，2014 年冬季入湖平均流量为 104 m³/s，显著高于 2013 年，而秋季入湖流量相差不大，平均入湖流量略高于 70 m³/s。相较于秋、冬季引水，2013 年夏季入湖平均流量较高，为 141 m³/s，而最高引水流量甚至达到 197 m³/s。因此，现状条件下，不同年份不同季节望虞河引水入湖的流量均有差异，夏季引水流量可高于秋、冬季。

野外监测的结果表明，夏季望虞河平均 141 m³/s 的入湖流量在第 28 天时能够有效改善贡湖湾有机污染，削减微囊藻密度。但在持续 28 天的引水时间中，贡湖湾的望虞河入湖口水域氮、磷含量显著升高，且有向贡湖湾湾口推移的趋势。而室内模拟实验的结果显示，不同引水流量组持续引水 7～9 天后，微宇宙模拟系统的微囊藻细胞密度均明显降低，但中、高流量处理组中的硅藻密度相对较高，且峰值也出现在引水第7～9天，继续引水硅藻密度有所下降，微宇宙水体氮磷营养盐含量升高并不明显。这表明望虞河引水入湖对贡湖湾浮游藻类群落的影响具有时效性，长时间引水并不一定能产生最优的生态效益，短期引水（7～9天）效果最优。同时，高流量处理组水体中蓝藻和绿藻细胞密度均低于低、中流量处理组，且仅有高流量处理组浮游藻类群落结构与其余实验组分异明显，在引水7天后非微囊藻与小环藻的种群比例增加显著。此外，模拟实验引水停歇10天后，相较于对照组，高流量处理组蓝藻的密度也有显著增加，但低、中流量组蓝藻细胞密度增加较对照组并不显著。因此，高流量引水处理的引水时间也不宜过长。

本研究模拟实验所设置的低、中、高流量，分别对应于望虞河实际25 m³/s、100 m³/s 与 200 m³/s 的引水流量。因此，望虞河现状水质条件下，夏季采用200m³/s的入湖流量，以间歇式的引水调度方式（引水7～9天，停歇10天内再引）调控贡湖湾水生态，可有效遏制蓝藻水华。但考虑望虞河实际供水能力，夏季望虞河采用大于100m³/s 的入湖流量可在一定程度上减小贡湖湾蓝藻密度，促进硅藻增殖。此外，考虑到望虞河水质现状，秋、冬季引水流量应低于夏季，引水时长也不宜过长。

总之，望虞河实际引水调度应综合考虑季节、流量以及引水时长等因素，在望虞河水质条件达到相关控制要求后，在不同季节可采用不同引水流量，以间歇式方式引水入湖。尤其夏季湖湾蓝藻水华暴发之际，保持望虞河不低于 100m³/s 的入湖流量，采用引水7～9天、间歇少于10天的引水方式可获得较现状更优的经济与生态效益。

6.5.3   基于水生态效应的引水调度策略建议

通过对引江济太工程望虞河引水现状以及贡湖湾的水生态响应情况的分析，从望虞河水质现状、引水水生态效应评估、引水时节、流量与时长角度提出基于贡湖湾水生态效应的望虞河引水调度建议，分别如下：

（1）引水期望虞河入湖水体氮磷含量高于太湖贡湖湾以及湖心区，引水入湖前应增加望虞河河道水量，增加长江水体在望虞河主河道停留时间，一方面利用主河道高水位顶托望虞河西岸重度污染的污水，另一方面提高望虞河主河道的纳污容量，增强有机氮磷污染物的自净能力；同时采用工程截污手段，切实减少入湖水体氮磷污染物含量。

（2）采用水化学参数（主要为 TN、TP、NO_3-N、SiO_3-Si、COD_{Mn}、Chl a 以及 TOC）、微囊藻与硅藻细胞密度及种群相对比例作为评估望虞河引水湖泊水生态效应的评估指标，合理评估引江济太的水生态效应。

（3）在满足防洪要求的前提下，可适当增加春末夏初与夏季望虞河引水入湖活动频次，减少秋、冬季引水入湖水量和频次，可更好地改善贡湖湾乃至整个太湖的水生态。

（4）夏季湖湾蓝藻水华暴发需应急引水的情况下，保持望虞河入湖流量不低于 $100m^3/s$，采用引水 7～9 天、间歇少于 10 天的引水方式可获得较现状更优的经济与生态效益。

6.6 本 章 小 结

（1）从生态恢复角度出发，望虞河现行引水调度对引水流量、不同季节的引水策略仍缺乏理论依据。

（2）基于引水工程的生态和经济效益，望虞河应采用间歇式的引水调度方式（引水 7～9 天，停歇少于 10 天），在维持现状引水流量的情况下，保持不低于 $100m^3/s$ 的流量，短期内可快速改善贡湖湾湖区浮游藻类群落结构及其生境。

（3）望虞河水体污染改善目标的制定是引江济太引水入湖调度经济和社会效益最优化的关键前提，后续可结合太湖水生态响应与望虞河实际污染情况，开展望虞河恢复最优恢复目标研究。

7　清淤工程生态影响监测与评估技术方法

清淤生态工程作为重要的水生态修复措施，主要是通过机械物理作用将湖泊上层富含营养盐的底泥剥离原来水体，减少上覆水体营养盐含量，从而实现水生态修复。大型无脊椎底栖动物（简称底栖动物）的主要生活史是在湖泊底泥中完成，大型水生植物植根于底泥，因此在清淤生态工程实施时其生态效应主要表现为底栖动物和水生植物的种类、数量和群落结构的变化。

在开展太湖清淤生态工程实施情况调研过程中，项目组发现在梅梁湾、竺山湾等太湖重污染湖区生态清淤工程实施前，待清淤湖区基本没有水生植物生长，即使在已经于 2008 年实施生态清淤工程的水域内也没有水生植物分布，因此，本评估技术方法主要是针对清淤工程对底泥理化性质和底栖动物的影响。

7.1　太湖流域清淤工程监测方案

7.1.1　点位布设

（1）根据清淤生态工程实施方案，在即将实施清淤生态工程的湖区内选择确定监测点位。

（2）若因客观原因不能在清淤生态工程实施前监测，可以采用与清淤工程实施区域前水文、湖流、水生植被等相类似的湖区替代，但是在解释清淤工程生态效应时需谨慎。

（3）根据待评估湖区水体环境特点，兼顾底栖动物类群非随机分布特点，样点的布设可采用典型抽样，分层随机抽样，或分层随机抽样与典型抽样相结合的方法。

（4）抽样方法

①分层随机抽样。将监测水域按照水体生境变异程度划分成若干个区域，使得同一区域内的变异程度尽可能小；将每个区域按照一定的间隔分成网格，将所有网格编上号码；在每个区域参照 GB 10111—1988《利用随机数骰子进行随机抽样的办法》进行独立随机抽样。

②典型抽样。依据待评价湖泊特点、底质类型、水文状况、水生植物及淡水底栖无脊椎动物的分布特征，在水域内设置若干有代表性的断面或样线，在每个断面上设置若干样点。所设样点的代表性有赖于调查工作者的经验。

　　③采样点设置。根据水体环境和清淤工程实施情况，将待评价区域划分成入口区、深水区（或湖心区）、出口区，亚沿岸带、沿岸带，或污染区和相对清洁区等不同区域，在这些区域内设置若干有代表性的横断面。断面的设置应考虑底质、水生植物的组成等因素。野外监测点位的可达性，经济合理性，技术可行性以及空间自相关性等多个方面均需考虑。依照断面的方向，每隔一定距离设置采样点，或在断面的中部和靠岸的左、右两侧分别设置样点。采样点的设置也可参考当地人类经济活动对水域的干扰程度做适当调整。采样点的位置都需标在地图上，采集时可按图上编号顺序进行。

7.1.2　监测时间与频次

　　（1）监测时间：采样时间一般以春末至秋末为宜。若为了比较不同季节变化情况，冬季也可以采样。

　　（2）监测频次：在有条件的情况下，在生态清淤工程实施前一年开始实施监测，以便获取一个完整年的底泥疏浚前的对比信息。若不能完成一年完整的监测，应尽量完成春、秋两个季节的监测工作。底泥生态清淤工程实施后每年监测2～4次（分别安排在平水期、丰水期和枯水期，或者春、夏、秋、冬四个季节），至少须在每年的枯水期和丰水期各进行一次。

　　（3）监测时间和监测频次一经确定，应保持长期不变，以利于年际间数据的对比。若需要增加监测频次，可在原有监测频次的基础上适当增加。

7.1.3　监测指标

　　监测指标包括清淤前后底泥物理化学性状，底栖动物物种及数量特征、群落特征，水体健康状况特征等。在清淤生态过程中，底泥在清淤被搅动时影响水下光强，水下光强可以作为清淤实施过程中的主要监测指标。

　　清淤生态工程理化性状监测指标主要包括底泥厚度、pH、全氮、全磷、有机质、速效磷等。

　　底栖动物生物指数包括生物多样性指数（Shannon-Wiener 多样性指数、Simpson 多样性指数、Pielou 均匀度指数）、群落丰富度（总分类单元、软体动物分类单元、甲壳类分类单元、软体+甲壳动物分类单元、软体+甲壳动物密度、EPT分类单元、摇蚊分类单元）、物种组成（优势分类单元相对丰度、前 3 位优势分类单元相对丰度、摇蚊相对丰度、甲壳动物相对丰度、软体动物相对丰度、软体+甲壳动物相对丰度、腹足纲相对丰度）、生物耐污能力（敏感类群分类单元数、耐污类群相对丰度）和功能摄食（捕食者相对丰度、滤食者相对丰度、刮食者相对丰度、直接收集者相对丰度、撕食者相对丰度）五大类。部分上述指数计算公式：

　　（1）Shannon-Wiener 多样性指数（H'）：

$$H' = -\sum P_i \ln P_i$$

式中，P_i 为物种 i 的个体数占总个体数的比例，i=1, 2, …, S。基于物种数量反映群落种类多样性：群落中生物种类增多代表了群落的复杂程度增高，即 H' 值越大，群落所含的信息量越大。

（2）Simpson 多样性指数（D）：

$$D = 1 - \sum P_i^2$$

式中，P_i 为物种 i 的个体数占总个体数的比例，i=1, 2, …, S。

（3）Pielou 均匀度指数（J_{sw}）：

$$J_{sw} = (-\sum P_i \ln P_i) / \ln S$$

式中，P_i 为物种 i 的个体数占总个体数的比例，i=1, 2, …, S。

7.1.4 样品采集与保存

1. 底泥样品的采集

（1）使用彼得生采泥器采集泥样。采样时每个采样点累计采样面积约 $1/8\sim1/3$ m^2。即使用 1/16 m^2 的彼得生采泥器或改良的彼得生采泥器（1/12 m^2），采泥 2~4 次，采样厚度一般为 10~15 cm。若为疏松的湖底底质，则需要穿透 20 cm 底质。也可以使用 1/6 m^2 带网夹泥器采样 1~2 次。

（2）在湖中深水区域使用采泥器采样时需借助机械臂，严格按照安全操作规程操作。

（3）可使用湖底拖网进行定量或定性采集。采集时，将拖网抛入湖中，在船上缓慢拖行，至一定距离后提起拖网。

2. 泥样的洗涤

（1）把采获的泥样先倒入一个塑料采样箱中，使用长柄 D 型手网捞取泥样在水中剧烈摇荡洗涤，初步洗去泥样中的污泥。洗涤过程中保持网口朝上，防止网内物体溅出。

（2）将筛洗后的底栖动物样品连同杂物全部装入一个塑料袋中，贴上标签（写明采集地点、日期和编号），缚紧袋口后带回室内做进一步筛选和分拣。也可将采得的泥样倒入盆中，到岸边进行洗涤和筛选。

（3）有螺、蚌等较大型底栖动物时可使用带网夹泥器（开口面积 1/6 m^2）采集，采得样品后，连网一同在水中剧烈摇荡洗涤，洗去污泥（操作过程中保持网口紧闭），将夹泥器提出水面后打开，拣出全部样品，放入广口瓶中，并贴上标签（写明地点、编号、日期），然后带回室内处理。

3. 样品筛选和分拣

（1）将待筛选样品置于 40 目（500 μm）网筛中，然后将筛底置于水中轻轻摇荡，洗去样品中剩余的污泥，筛洗后挑出其中的杂物和植物枝条、叶片等（仔细检查并拣出掺杂在其中的动物），将筛上肉眼能看得见的全部动物倒入白瓷盘中进行分拣。

（2）如采样时来不及分拣，可将筛洗后所余杂物连同动物全部装入一个新的样品袋中，贴上标签（写明采集地点、日期和编号），缚紧袋口后带回室内再做样品分拣。

7.1.5　监测指标检测

物种鉴定可参考《湖泊水生态监测规范》与《全国淡水生物物种资源调查技术规定（试行）》进行，扁形动物尽可能鉴定到科或属，少数常见类群鉴定到种；环节动物一般鉴定到属或种；软体动物一般尽可能鉴定到种，至少鉴定到属；水生昆虫一般鉴定到科或属，少数类群可鉴定到种；甲壳动物一般可鉴定到科，溪蟹类可鉴定到种。对一些不能确切鉴别的样品，应联系相关专家进行鉴定和确认。

7.2　太湖流域清淤工程水生态监测点位优化技术

7.2.1　敏感指标筛选

1. 候选参数

根据定性分析生态清淤工程潜在影响，参照国内外文献并结合生态清淤区域客观实际条件，选择底栖动物完整性指数和理化性状作为候选表征指标。其中底泥理化性状参数包括全氮、全磷、有机质、速效磷和 pH，底栖动物生物指数包括生物多样性指数（香农-维纳多样性指数、辛普森多样性指数、均匀度指数）、群落丰富度（总分类单元、软体动物分类单元、甲壳类分类单元、软体+甲壳动物分类单元、软体+甲壳动物密度、EPT 分类单元、摇蚊分类单元）、物种组成（优势分类单元相对丰度、前 3 位优势分类单元相对丰度、摇蚊相对丰度、甲壳动物相对丰度、软体动物相对丰度、软体+甲壳动物相对丰度、腹足纲相对丰度）、生物耐污能力（敏感类群分类单元数、耐污类群相对丰度）和功能摄食（捕食者相对丰度、滤食者相对丰度、刮食者相对丰度、直接收集者相对丰度、撕食者相对丰度）等五大类。

2. 指标分布范围分析

利用底泥生态清淤实施前和实施后的监测数据计算候选参数值，分析候选指数受干扰的反应，挑选出随生态清淤干扰增大或减小的指数，剔除不随生态清淤变化而单向变化的指标。

3. 判别能力分析

采用箱线图法分析上述筛选出的指数值在生态清淤实施前后的分布情况，比较生态清淤实施前后 25%～75%分位数范围以及中位数相对重叠情况，分别赋予不同的值。

检验底泥疏浚前后理化性状和生物多样性指标是否符合正态分布，若符合正态分布则可以采用方差分析方法，若不符合正态分布则利用非参数检验方法（如Mann-Whitney U 非参数检验法），比较生态清淤工程实施前后底泥理化性状和生物多样性指标变化情况，筛选出在生态清淤工程实施前后有显著变化的监测指标作为生态清淤工程水生态监测指标的敏感指标。

综合上述两种方法，进行各指标综合判别能力分析。

4. 相关性分析

对经过上述步骤筛选得到的监测指标进行相关性分析，检验各指数所反映信息的独立性，避免"冗余"。不同学者对冗余检验的标准设定也不同，本方法推荐的标准是 r 的绝对值大于 0.8。对于高度相关的监测指标，只选取其中一个就可以代表指数间包含的大部分信息。

7.2.2　太湖流域清淤工程水生态效应监测点位优化方法

对生态清淤监测点位敏感指标进行二维矩阵排列，形成矩阵。借助统计软件（如 SAS、SPSS、R）进行聚类分析，聚类分析的结果以树状图谱的形式呈现。

处于同一聚类组别的监测点位可保留一个代表性点位，同时监测点位的取舍也应考虑监测地点的代表区域、监测的经济技术成本，保证以最少的监测点位获取足够的有代表性的生态环境信息。当底泥理化性状指标与底栖动物指标有矛盾时，采用底栖动物指标获得的结果，以表征清淤生态工程的生态效应。

7.3　太湖流域清淤工程湖泊水生态效应评估方法

7.3.1　评估模式

基于太湖生态清淤修复工程的实际情况，生态清淤工程水生态效应采用底泥物理化学性状和以底栖动物为代表的指示物种法相结合的评估模式。

7.3.2　评估程序

　　生态清淤工程湖泊水生态效应评估程序分为 5 个主要步骤（图 7-1）：①清淤工程实施范围、实施方式与实施时间调研；②清淤工程实施前后监测点位与监测时间确定；③湖泊底泥理化指标与底栖动物群落指标监测；④敏感理化与底栖动物群落指标筛选与确定；⑤基于敏感监测指标的生态清淤工程水生态效应评估。

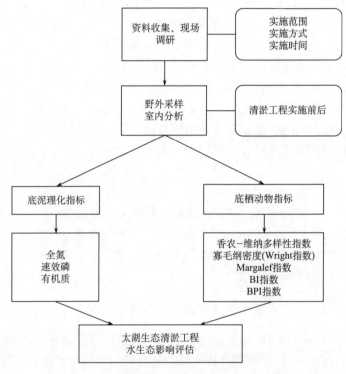

图 7-1　生态清淤工程水生态效应评估流程

7.3.3　评估方法

　　1. 理化指标法

　　通过比较生态清淤前后底泥理化指标（包括全氮、全磷、有机质、速效磷、pH）变化，评价生态清淤前后底泥理化性状变化。在清淤过程中采用水下光强评价生态清淤工程实施影响。

2. 生物指标评价法

利用经过筛选后的评价指标，分析底泥清淤前和清淤后各个指数变化情况，结合底泥生态清淤情况，运用多种统计方法，综合评估底泥生态清淤生态恢复过程。

7.3.4 评估原则

评估指标体系的选择应遵循以下原则：

（1）综合性与针对性原则。首先需明确太湖生态清淤工程实施的范围，分析生态清淤工程对太湖底泥生态系统可能造成的生态影响，然后在此基础上针对性地确定评估指标。生态清淤工程的生态效应评估需要理论基础，指标的概念应该有明确的定义，让生态清淤对于底泥生态系统干扰的客观特征得到一定程度的反映，尽量定量化，在综合性原则的指导下让不同工程的相同指标可以采用统一的评估标准。

（2）代表性与完备性原则。对于太湖生态清淤工程而言，底泥理化性状和底栖动物最易受到影响，因此评估指标的构建主要围绕上述两个方面展开。

（3）独立性原则。太湖生态清淤工程的生态影响，信息重叠的情况很难避免，因此在确定评估指标时，需要尽量采用相对独立的指标，在全面反映水生态系统情况的前提下让指标间信息的重叠度降到最低。

（4）互补性原则。在综合评价法基础上，以生态清淤工程底栖动物主要生物学指标作为主要评价指标，更好地表征太湖流域生态清淤生态修复工程的水生态效应。

7.3.5 评估结果

利用筛选的监测点位获得的底栖理化性状数据和底栖动物生物学数据，计算生态清淤前后敏感指标数值，比较各个监测点位敏感指标的时空变化特征，对比生态清淤后不同恢复时期敏感指标恢复程度。分析比较生态清淤工程实施方式对底栖动物群落组成恢复的影响。

8 清淤工程生态影响监测点位优化

生态清淤工程实施主要是通过改变湖泊水体底质状况实现水生态状况的变化，底栖动物在底质中的难移动性和生态效应的累积性为其作为表征生态清淤工程实施的水生态状况影响提供了很好的理由。在对湖泊实施生态清淤工程的水生态影响开展监测，制定监测方案时，需要明确野外采样点布置、采样时间和频率，样品采集后在实验室进行物种鉴别和计数、称重等，采用合适的统计方法，选择合适的水生态评价指标，识别水生态影响的敏感物种，最后得到水生态影响评价结论。

太湖实施大规模的生态清淤工程始于 2007 年，对生态清淤工程实施后对水生态的影响缺乏有针对性的业务化长期跟踪监测，缺乏相应的监测方案是重要原因之一。监测点位布设、采样时间和采样频率、评价指标选择、敏感物种选择等均是制定水生态影响监测方案必须考虑的关键技术问题。本章将对上述关键问题，通过密集布置监测点位和加大采样频率，利用多种统计方法，筛选监测评价指标，为合理制定规范的生态清淤工程水生态影响业务化监测方案提供技术支撑。

8.1 生态清淤工程的水生态影响监测点位布设

水生态影响监测点位的布设需要解决是在哪里监测的问题。通常情况下，生态状况监测点位布设越多，获得的生态环境信息就越多，对水生态状况的评估越接近真实情况。但是在实际操作中，受人员、设备、资金等客观条件限制，通常希望尽可能设置较少的监测点位获取较多的水生态环境信息。本节在太湖待清淤区域先采取高密度采样方式，后通过聚类分析方法比较采样结果，减少采样点。

根据水体环境和清淤工程实施情况，将待评价区域划分成入口区、深水区（或湖心区）、出口区，亚沿岸带、沿岸带，或污染区和相对清洁区等不同区域，在这些区域内设置若干有代表性的横断面。断面的设置应考虑底质、水生植物的组成等因素。野外监测点位的可达性，经济合理性，技术可行性以及空间自相关性等多个方面均需考虑。依照断面的方向，每隔一定距离设置采样点，或在断面的中部和靠岸的左、右两侧分别设置采样点。采样点的设置也可参考当地人类经济活动对水域的干扰程度做适当调整。采样点的位置都需标在地图上，采集时可按图上编号顺序进行。

8.2　数据采集和统计分析方法

通过对江苏省水利厅和太湖周边地市水利局走访了解，选择待清淤的竺山湾和梅梁湾作为采样地点确定方法研究区域。其中竺山湾靠近无锡市马山镇一侧区域生态清淤工程于 2014 年 4 月～8 月实施，面积约为 9.22 km^2。梅梁湾区域内生态清淤工程于 2013 年 5 月～6 月实施，面积约为 0.90 km^2。在生态清淤工程实施前的 2013 年 4 月，分别在竺山湾和梅梁湾设置 10 个和 5 个采样点（图 2-3），测定底泥理化性状，鉴别底栖动物种类，计数每个底栖动物物种的数量。地表水样品分析方法、底泥理化性质分析方法和底栖动物采样鉴别方法见第 7 章。

分别以底泥理化性状和底栖动物种群数据为基础，采用聚类分析统计方法，将竺山湾和梅梁湾采样点聚合成不同的类别。聚类分析方法采用的统计软件为 R 语言中的 Stats 工具包。

聚类分析方法可以分为层次分析法和非层次分析法。层次分析法中，低级的聚类族是高级聚类族的一部分，聚类结果是可以用树状图表示的层次分类系统。非层次法的结果只给出所分类群及每一类所含的对象，聚类族之间没有层次性。本研究分别采用两种方法，将采样点分组。

根据对象之间相关性计算方法不同，层次聚类分析方法又可以分为单连接聚合聚类、完全聚合聚类、平均聚合聚类、Ward 最小方差聚类（赖江山，2014）。单连接聚合聚类也称为最近邻体分类,该方法聚合对象的依据是最短的成对距离（或最大相似性）：一个对象（或一个组）选择另一个对象（或一个组）融合的依据是看与哪个对象在所有可能成对距离中最短。与单连接聚合聚类相反，完全连接聚合聚类（也称为最远邻体分类）允许一个对象（或一个组）与另一个组聚合的依据是最远距离对。在这种规则下，两个组所有成员之间的距离都必须全部计算，然后比较。平均聚合聚类是一类基于对象间平均相异性或聚类族形心的聚类方法。此聚类分析方法有四种，不同方法的区别在于组的位置计算方式（算术平均或形心）和当计算融合距离时是否用每组包含的对象数量作为权重，其中最有名的是 UPGMA 聚类法。该方法一个对象加入一个组的依据是这个对象与该组每个成员之间的平均距离，两组聚合的依据是一个组内所有成员与另一组内成员之间所有对象对的平均距离。Ward 最小方差聚类是一种基于最小二乘线性模型准则的聚类方法，分组的依据是组内平方和（方差分析的方差）最小化。聚类族内方差和等于聚类族内成员间距离的平方和除以对象的数量。

非层次聚类分析方法是对一组对象进行简单分组的方法，分组的依据是尽量使组内的对象之间比组间对象之间的相似度更高，分组的数量需要自己决定。

8.3　竺山湾清淤工程水生态影响监测点位布设研究

监测点位布设研究主要是解决采样点的代表性问题，在开展生态监测时期望以最少的采样点获得待评价区域最大的代表性，影响监测点位能否代表待评价区域的主要因素是空间异质性，即在空间上不同采样点信息具有明显的差异，相互之间不能替代。本部分以竺山湾和梅梁湾为例，通过聚类分析等统计方法分析不同采样点之间的相互关系，确定评价生态清淤工程的水生态影响采样点位布设方法。

8.3.1　底泥理化性质和底栖动物群落基本情况

竺山湾 10 个采样点底泥的全氮（TN）、全磷（TP）、有效磷（Olsen-P）、有机质（OM）、pH 和含水率总体分布情况如表 8-1 所示。

表 8-1　竺山湾 2013 年 4 月底泥理化性质统计

项目	TN/%	TP/%	Olsen-P/（mg/kg）	OM/%	pH	含水率/%
最大值	0.351	0.0998	84.8	2.48	7.1	67
最小值	0.213	0.0470	22.2	1.71	6.5	48
平均值	0.278	0.0714	49.4	2.06	6.8	58

自 1960 年起，中国科学院南京地理与湖泊研究所、江苏省科委与长江水源保护局、太湖流域管理局等单位先后对太湖进行过几次较大范围内的综合性调查，其中都包含对底泥的调查和监测。表 8-2 是太湖底泥营养物质含量历次调查成果表。

表 8-2　太湖表层底泥营养物质含量历史变化（房玲娣和朱威，2011）（单位：占干泥重的%）

年代	有机质		总磷		总氮	
	范围	均值	范围	均值	范围	均值
20 世纪 60 年代	0.54~6.23	0.68		0.044		0.067
20 世纪 80 年代	0.24~2.78	1.04	0.037~0.067	0.052	0.022~0.147	0.065
1990~1991	0.57~15.1	1.90	0.040~0.107	0.056	0.049~0.558	0.080
1995~1996	0.31~9.04	1.70	0.039~0.237	0.058	0.022~0.450	0.094
1997	0.31~5.73	1.53	0.028~0.180	0.059	0.022~0.318	0.082
2002	0.61~11.0	1.56	0.032~0.333	0.051	0.031~0.471	0.098

　　张建华等（2011）从 2008 年 1 月起，在整个太湖湖区设置了 583 个取样点，分析了太湖底泥中全氮、全磷、有机质含量分布情况。竺山湾采集了 26 个样品，有机质含量最大值为 3.39%、最小值为 0.41%、平均值为 1.77%，全氮含量最大值为 0.1867%、最小值为 0.0347%、平均值为 0.1038%，全磷含量最大值为 0.0177%、最小值为 0.031%、平均值为 0.099%。

　　相对于文献报道的太湖底泥全氮和全磷含量，本次监测得到的底泥全氮监测结果相对较高，底泥全磷监测结果相对较低，有机质含量相差不大。

　　本次采样共检测到软体动物门 5 种，包括大沼螺、方格短沟蜷、铜锈环棱螺、河蚬、丽蚌；环节动物门 7 种，包括水丝蚓、齿吻沙蚕、疣吻沙蚕、沙蚕科、舌蛭科、泽蛭属、蛙蛭属；节肢动物门 5 种，包括摇蚊属、小摇蚊属、环足摇蚊属、太湖大螯蜚、杯尾水虱。优势种为水丝蚓、隐蚊、河蚬和太湖大螯蜚。

8.3.2　基于底泥理化指标的采样点聚类分析

　　以 2013 年 4 月采集得到的底泥理化指标数据为基础，分布运用层次聚类分析法和非层次聚类分析法将 10 个采样点聚合分类。

1. 层次聚类分析法结果

　　从图 8-1 采用不同聚类分析方法的分组结果可以看出，尽管不同分组方法略有差异，但是总体来说不同分组方法的结果相类似，例如：第 3 号和 9 号采样点，第 4 号和 5 号采样点都分在同一组。

　　若将上述聚类结果重新排列，分为 5 组，可以得到如图 8-2 所示的结果。

　　从图 8-2 可以看出，利用底泥理化性质数据作为聚类排序依据，将 10 个采样点划分为 5 组，空间上较为接近的采样点聚成相同或相近的类别，例如 1~4 号采样点空间位置较近，6~7 号采样点空间位置较近。空间位置越近，底泥形成和污染物累积过程就越相似，因此底泥物理化学性状就越接近，在通过聚类分析方法分析时就越容易被分在同一组内。在需要具有相同底泥理化性质的区域，用于考察其他因子作用时，适宜将采样点设置在底泥理化性质具有相似性质的区域。

2. 非层次聚类分析法结果

　　通过非层次聚类分析方法可以给决策者提供不同分组数量条件下的采样点分组情况。在采样点确定方案时，首先根据其他因素确定几个采样点，然后根据 10 个采样点分组情况，每组选择一个采样点作为该组代表，重新组成代表性采样点群表征研究区域，完成采样点由密到疏。

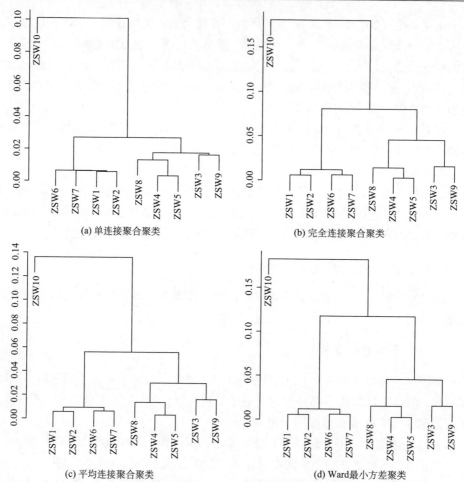

图 8-1　基于底泥理化性质的采用不同聚类方法的竺山湾采样点聚类结果

表 8-3　基于竺山湾 2013 年 4 月底泥性质的采样点非层次聚类分组结果

点位	2 组	3 组	4 组	5 组	6 组	7 组	8 组	9 组
ZSW1	2	3	4	2	2	3	4	4
ZSW2	2	3	4	2	2	3	1	5
ZSW3	2	3	1	4	3	4	7	6
ZSW4	2	2	3	3	1	6	6	8
ZSW5	2	2	3	3	1	6	6	8
ZSW6	2	3	4	2	2	5	5	2
ZSW7	2	3	4	2	2	5	5	7
ZSW8	2	2	3	3	6	2	8	3
ZSW9	2	2	1	5	5	7	2	1
ZSW10	1	1	2	1	4	1	3	9

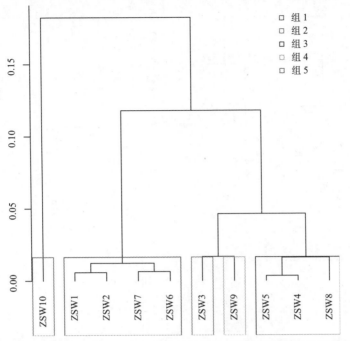

图 8-2　基于竺山湾 2013 年 4 月底泥性质的采样点聚类重新排序结果

相同采样点在不同的分类方案中分别在不同的族类中。表 8-3 中为不同采样点在分为不同组数时的结果。若将 10 个采样点分成 5 组的结果和层次聚类分析法结果相类似。

8.3.3　基于底栖动物群落的采样点聚类分析

以采样点底栖动物群落组成和数量多少为依据，同样也可以采用不同的聚类分析方法将采样点分组，具有相似群落组成和数量的采样点首先被分在相同一组。

从图 8-3 中可以看出，四种不同的聚类方法得到的分析结果相类似。第 1 号和 2 号采样点、第 4 号和 8 号采样点、第 5 号和 9 号采样点、第 3 号和 10 号采样点距离最近。

将 Ward 层次聚类分析方法获得的结果重新分为 5 组，得到的结果如图 8-4 所示。结果表明，竺山湾 1 号、2 号、7 号采样点同属一组，3 号、10 号同属一组，5 号和 9 号同属一组，8 号和 4 号同属一组。

采用非层次聚类分析分组结果如表 8-4 所示。根据底栖动物群落组成特点，若将竺山湾 10 个采样点分成 2～9 组，每个采样点分别归属于不同的分组。在确定最终采样点个数时，从每个分组中选择 1 个采样点重新组成采样点群，尽最大可能代表该区域。

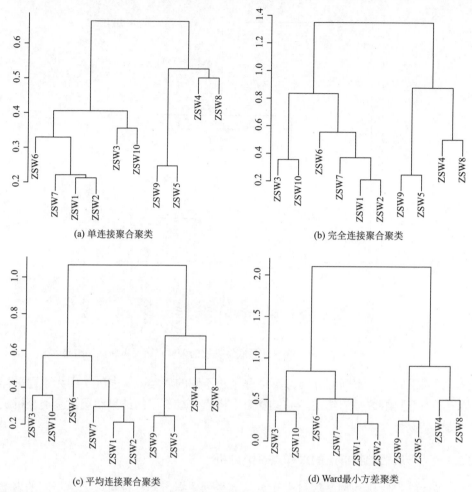

(a) 单连接聚合聚类

(b) 完全连接聚合聚类

(c) 平均连接聚合聚类

(d) Ward最小方差聚类

图 8-3　基于底栖动物群落组成的竺山湾采样点聚类

表 8-4　基于竺山湾 2013 年 4 月底栖动物群落的采样点非层次聚类分组结果

点位	2 组	3 组	4 组	5 组	6 组	7 组	8 组	9 组
ZSW1	1	3	3	3	5	5	2	1
ZSW2	1	3	3	3	5	5	2	6
ZSW3	1	3	1	2	1	2	8	9
ZSW4	2	1	4	5	6	7	4	3
ZSW5	2	2	2	4	2	4	1	4
ZSW6	1	3	3	1	3	3	6	8
ZSW7	1	3	3	3	5	5	3	5
ZSW8	2	1	4	5	4	6	5	2
ZSW9	2	2	2	4	2	4	1	4
ZSW10	1	3	1	2	1	1	7	7

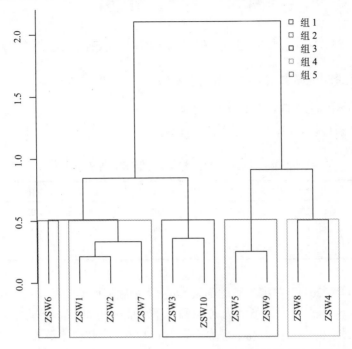

图 8-4　基于底栖动物群落组成采用 Ward 最小方差法的竺山湾采样点聚类

以将 10 个采样点分为 5 组为例，采用 Ward 层次聚类分析和非层次聚类分析分组结果完全一致。竺山湾 6 号采样点位于最南侧，湾口最末端，该采样点位于待清淤水域边缘地带，在对比清淤工程影响时易受边际效应影响，因此可以取消该点位。从其他每组选择一个采样点作为该组代表性采样点，从采样人力、物力和数据统计方面统筹考虑，本研究确定竺山湾共设置 1~5 号采样点用于对比生态清淤前后底栖动物群落变化。

分别以采样点底泥理化性质和底栖动物作为聚类分析数据来源得到的分析结果不完全一致，本项目主要研究生态清淤工程实施前后对水生态的影响，因此聚类分析结果以底栖动物聚类结果为主要依据。

生态清淤水生态工程效应采样点布设确定的思路可以总结为：首先根据采样人力、物力、时间、精力等其他客观条件，并参照国内外类似监测内容确定待监测区域最密采样点个数；然后根据每个采样点的理化性质或者底栖动物生态学特征等对上述采样点进行聚类分析，将其分成不同的组类，最后在每一个组类中选择一个采样点重新组成待监测区域监测点位。

8.4　梅梁湾清淤工程水生态影响监测点位布设研究

8.4.1　底泥理化性质和底栖动物群落基本情况

梅梁湾 5 个采样点底泥的全氮（TN）、全磷（TP）、有效磷（Olsen-P）、有机质（OM）、pH 和含水率总体分布情况如表 8-5 所示。

表 8-5　梅梁湾 2013 年 4 月底泥理化性质统计

项目	TN/%	TP/%	Olsen-P/（mg/kg）	OM/%	pH	含水率/%
最大值	0.2123	0.0927	24.02	1.60	7.02	49
最小值	0.1664	0.0396	8.43	1.49	6.71	47
平均值	0.1923	0.0523	12.67	1.53	6.88	48

张建华等（2011）在梅梁湾北部采集的 54 个底泥样品结果显示，底泥有机质含量最大值为 5.61%、最小值为 0.41%、平均值为 2.00%，全氮含量最大值为 0.2690%、最小值为 0.0102%、平均值为 0.1242%，全磷含量最大值为 0.222%、最小值为 0.034%、平均值为 0.081%。

本次检测得到的梅梁湾底泥有机质、全氮和全磷含量均低于竺山湾底泥，梅梁湾底泥全磷和有机质含量与表 8-5 显示的历史数据相差不大，总氮数据较高，但与张建华等报道的数据相差不明显。

本次采样共检测到软体动物门 1 种，为河蚬；环节动物门 9 种，包括苏氏尾鳃蚓、水丝蚓、齿吻沙蚕、疣吻沙蚕、沙蚕科三种、蛭蛭属、摇蚊属；节肢动物门 2 种，包括太湖大螯蜚、杯尾水虱。本次检测得到的梅梁湾底栖动物优势种为水丝蚓、河蚬和太湖大螯蜚。

8.4.2　基于底泥理化指标的采样点聚类分析

以底泥理化性质为依据的梅梁湾不同采样点层次聚类结果如图 8-5 所示。不同计算方法的层次聚类分组结果类似。

将 Ward 聚类分析方法得到的结果重新组合分成 2 组，可以得到如图 8-6 的结果。梅梁湾 1 号、2 号、4 号和 5 号采样点组合成 1 组，3 号采样点与其他采样点差异显著。

表 8-6 为基于梅梁湾底泥性质的采样点非层次聚类分组结果。若 5 个采样点分成两组，分组结果与层次聚类分析结果一致。

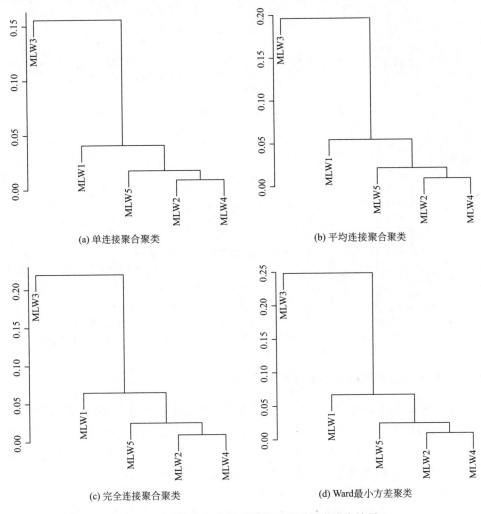

(a) 单连接聚合聚类　　　　　　　　　　　(b) 平均连接聚合聚类

(c) 完全连接聚合聚类　　　　　　　　　　(d) Ward最小方差聚类

图 8-5　基于底泥理化性质的梅梁湾采样点聚类结果

表 8-6　基于梅梁湾 2013 年 4 月底泥性质的采样点非层次聚类分组结果

点位	2 组	3 组	4 组
MLW1	1	2	2
MLW2	1	1	4
MLW3	2	3	1
MLW4	1	1	4
MLW5	1	1	3

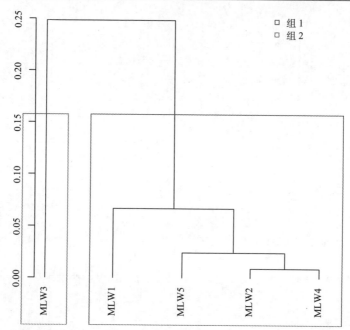

图 8-6　基于底泥理化性质采用 Ward 最小方差法的梅梁湾采样点重排聚类结果

8.4.3　基于底栖动物群落的采样点聚类分析

以 2013 年 4 月采集的底栖动物群落数据为基础，采用不同的层次聚类分析方法，将梅梁湾 5 个采样点聚类分组，图 8-7 为分析结果。从图 8-7 中可以看出梅梁湾 2 号和 5 号采样点距离最近，1 号、3 号和 4 号采样点距离接近。采用 Ward 最小方差聚类分析方法将 5 个采样点可以分为 2 组（图 8-8），即 2 号和 5 号采样点位一组，1 号、3 号和 4 号采样点为一组。

表 8-7 是采用非层次聚类分析方法得到的梅梁湾 5 个采样点分组结果。梅梁湾 5 个底栖动物采样点若分成 2 组的结果与层次聚类法结果相同。

表 8-7　基于梅梁湾 2013 年 4 月底栖动物群落采样点非层次聚类分组结果

点位	2 组	3 组	4 组
MLW1	2	2	3
MLW2	1	3	2
MLW3	2	2	4
MLW4	2	2	3
MLW5	1	1	1

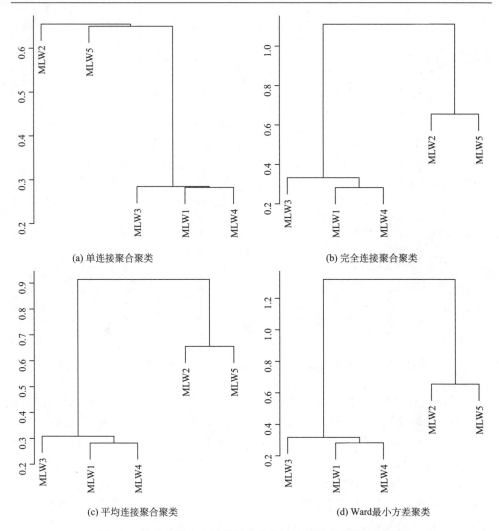

(a) 单连接聚合聚类   (b) 完全连接聚合聚类

(c) 平均连接聚合聚类   (d) Ward最小方差聚类

图 8-7   基于底栖动物群落组成的梅梁湾采样点聚类分析结果

基于底泥理化性质和底栖动物群落，考虑野外采样人力、物力等客观条件，并参照国内外采样点布设方案，在梅梁湾清淤面积约为 $1km^2$ 的范围内 5 个采样中选取 2 个采样点作为代表性生态清淤的水生态影响监测点位。

底栖动物的分布主要受到底质类型、底层溶解氧、水深、流速、食物、泥沙沉积及悬沙、水质、水生植物等多种因素影响（段学花等，2010）。底栖动物的多样性随底质粒径的变化而发生明显的增减，沙质河床对底栖动物最不利，其对应的生物多样性最低（段学花等，2010）。溶解氧含量是控制寡毛类数量及分布的重要环节因素，寡毛纲常常被作为有机污染的指示生物，当水体中的寡毛纲数量很大时，可以认为水质很差（段学花等，2010）。

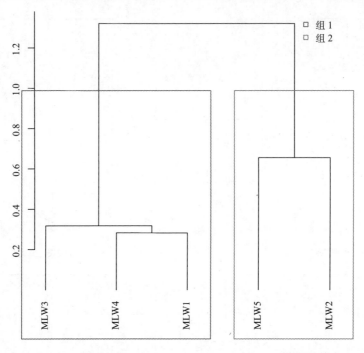

图 8-8　基于底栖动物群落组成采用 Ward 最小方差法的梅梁湾采样点聚类

许浩等（2015）在 2014 年冬季和夏季调查了太湖全湖 116 个采样点的大型底栖动物，结果表明：太湖敞水区大型底栖动物优势种为河蚬、拟杯尾水虱、太湖大螯蜚和寡鳃齿吻沙蚕。敞水区沉积物属于粉砂、黏土质粉砂类型，粒径范围较广，受风浪影响较大，底泥扰动强烈，水体含氧量较高，上述特征有利于河蚬的滤食，因此河蚬密度高值出现在该区。在水生植被分布茂盛的区域，大型底栖动物优势种为铜锈环棱螺、河蚬和寡鳃齿吻沙蚕。水生植物是许多周丛生物生存的基础，生活在植物根际上面的各种生物构成周丛生物群落，形成一个错综复杂的食物网。根据螺-草互利理论，水生植物为底栖软体动物提供栖息、捕食和躲避天敌的场所。

8.5　生态清淤工程水生态影响监测时间和频率

清淤工程实施的水生态影响主要表现为对底栖动物群落的影响，表征底栖动物采样监测时间和频率需要考虑的因素是底栖动物群落随时间变化的特征。若底栖动物群落随着时程变化明显，不同的采样时间获得的底栖动物群落特征有明显差异，则应增加采样频率。若底栖动物群落随时程变化不明显，则可以适当降低采样频率，节省样品监测的人力财力物力。本节通过在太湖不同湖区分春夏秋冬四个季节采集底栖动物样品，运用聚类分析方法比较不同采样点位四季底栖动物群落相似情况。

8.5.1 数据采集和处理方法

采集太湖不同湖区以及竺山湾未清淤区域底栖动物样品，分析不同采样点四个季节底栖动物相似度。2011 年的 1 月、4 月、7 月和 11 月分别在竺山湾待清淤区域 5 个采样点位（ZSW1～ZSW5，图 2-3）采集底栖动物样品，2011 年 1 月、4 月、7 月和 10 月分别在洑东、横山、湖心南、焦山、漫山、汤娄、拖山、乌龟山、西山、胥湖 10 个采样点位采集底栖动物样品（图 8-9），得到底栖动物群落组成和数量，分别对每个采样点不同采样时期进行聚类分析。采样点经过聚类分析距离越靠近，表示得到的信息越相似，相互取代性就越强。

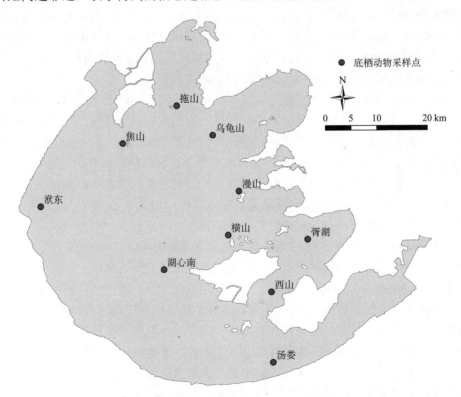

图 8-9 太湖洑东等 10 个底栖动物聚类分析采样点位分布

利用 R 语言统计分析软件中的 Stats 软件包进行聚类分析。采用层次聚类分析方法中的 Ward 最小二乘法做聚类树图，并用热图表示不同采样时期之间相似程度，热图中颜色越接近表示两个采样时期底栖动物群落信息越相似。

8.5.2　太湖生态清淤工程水生态影响监测时间和频率确定

基于底栖动物群落数据的竺山湾 1～5 号采样点 2013 年 4 月、9 月和 11 月以及 2014 年 3 月不同时间聚类结果如图 8-10 所示。竺山湾 1 号采样点 2013 年 9 月和 11 月两次采样时期得到底栖动物群落欧氏空间距离最近，2 号采样点 2013 年 4 月和 2014 年 3 月两次采样时期欧氏距离最近，3 号采样点 2013 年 9 月和 2014 年 3 月两次采样时期欧氏距离最近，4 号采样点 2013 年 9 月、11 月和 2014 年 3 月三次采样时期欧氏距离接近，5 号采样点 2013 年 9 月和 2014 年 3 月两次采样时期欧氏距离接近。

图 8-11 为太湖敞开水域范围内㳇东等 10 个采样地点 2011 年 1 月、4 月、7 月和 11 月四个月底栖动物群落聚类结果。在 10 个采样点中，㳇东、焦山、漫山、汤娄 4 个采样点 4 月和 7 月欧氏距离最近，湖心南 4 月和 10 月两个采样时期底栖动物群落欧氏距离最近，拖山 1 月和 7 月两个采样时期底栖动物群落欧氏距离最近，西山和胥湖两个采样点 1 月和 4 月两个采样时期底栖动物群落欧氏距离最近，横山、乌龟山四个采样时期欧氏距离相差均较远。

从上述不同采样点聚类结果可以发现，全年不同采样时期之间的欧氏距离不完全一致，在所分析的 15 个采样点中仅有横山和乌龟山两个采样点不同采样时期之间欧氏距离相差均接近，其他时间采样点均有两个或三个采样时期之间欧氏距离较近。从总体来说，以每年的 7～8 月温度最高、水位最高的汛期为界限，上半年内或者下半年内不同月份之间欧氏距离较小。在其他条件具备的条件下，一年内分成四个季节采集底栖动物样品更能够获取生态清淤工程对于水生态影响信息。若在有限其他条件下，采样时期分别设置在上半年和下半年各一次即可。

底栖动物群落特征在时间上的变化主要与底栖动物种群组成及其生活史特征有关。研究表明：河蚬耐低氧能力较差，长期低氧会降低河蚬的存活率和反捕食能力（Saloom and Duncan, 2005）。在巢湖的研究发现，河蚬的种群密度和生物量随水体富营养化的加剧而下降。耐污能力强的寡毛类和摇蚊幼虫转变为优势种，铜锈环棱螺是两个时期的优势种，这与环棱螺对水体氮磷浓度较强的适应性有关（曹正光和蒋忻坡，1998）。寡毛类是耐氧的类群，繁殖时期主要在冬季和春季，小个体的孵化和生长会导致在夏季观察到一个密度峰值（李艳等，2012）。太湖霍普水丝蚓的密度和生物量在空间上表现出明显的差异，但是随季节变化较小，空间差异可能与营养水平、底质类型、可摄食的食物及生境稳定性因素有关（李艳等，2012）。摇蚊幼虫则在适合温度条件下从春季到秋季都可以繁殖，在冬季几乎不繁殖，且在春季和秋季有两个羽化高峰期，春季后温度升高可能更有利于摇蚊生长（郭先武，1995；王丽卿等，2012）。在滆湖的研究发现底栖动物密度和生物量在夏季最高，冬季最低，秋季密度较高，生物量春季较高（王丽卿等, 2012）。长

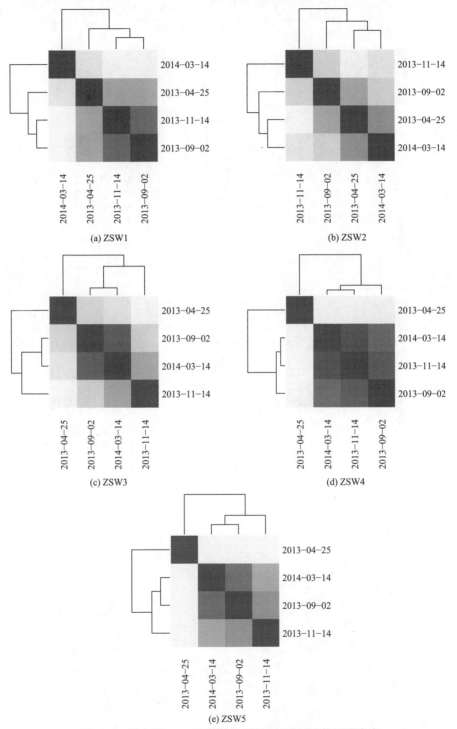

图 8-10 竺山湾 1~5 号采样点不同时间底栖动物群落聚类

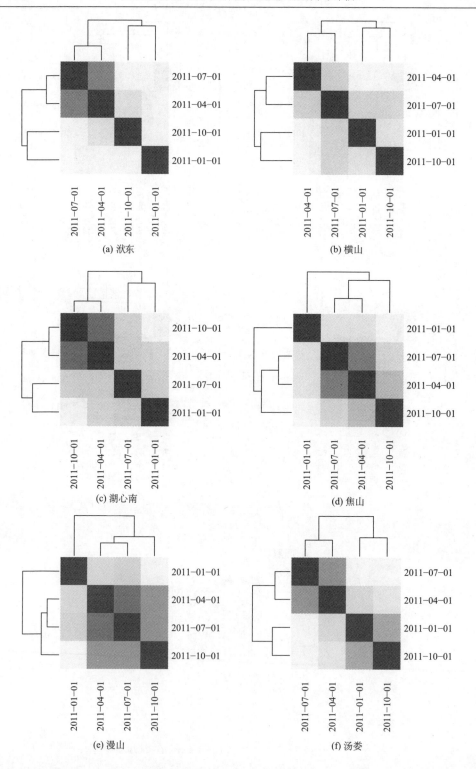

(a) 沇东　　　　　　　　　　　　(b) 横山

(c) 湖心南　　　　　　　　　　　(d) 焦山

(e) 漫山　　　　　　　　　　　　(f) 汤娄

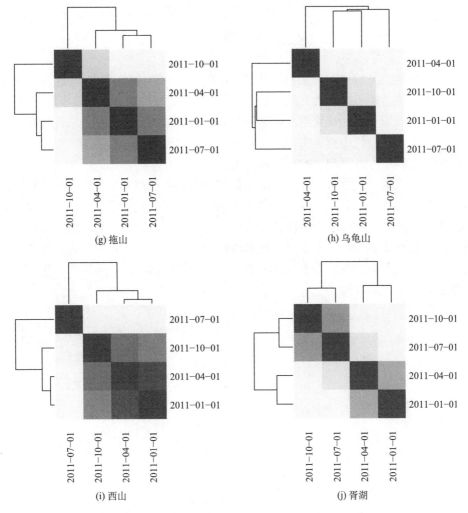

图 8-11 不同采样时间洑东等太湖采样点底栖动物聚类

江流域铜锈环棱螺的繁殖季节主要为春季和夏季，存活时间可达 3 年以上，每次采样得到的个体包含多个世代。在利用大型底栖动物对东平湖水质评价研究时发现，软体动物无论是种类数还是数量上都占绝对优势，就季节而言，各个季节相差不大，春季略高于其他季节，为 47 种（谢杨杨，2014）。

综合太湖 15 个采样点在不同采样时期聚类分析结果和文献中底栖动物时间变化特征分析，在目前太湖水质尚未完全恢复时期，底栖动物群落仍以耐污能力强的寡毛类、摇蚊幼虫、河蚬以及铜锈环棱螺为主，在当前太湖水体综合治理仍以污染物控制为主要任务，生态清淤工程的水生态影响底栖动物例行监测建议全年监测 2 次即可。

8.6　本　章　小　结

（1）以竺山湾和梅梁湾生态清淤工程实施前采样点为例，提出了生态清淤工程水生态影响监控点位布设方案。在开始生态影响监控时，宜布置较多监测点位，以底泥理化性质和底栖动物组成数据为基础，利用聚类统计分析方法优化监控点位。经过优化后，竺山湾生态清淤工程水生态影响监控点位设置为 5 个，梅梁湾生态清淤工程水生态影响监控点位设置为 2 个。

（2）以太湖 15 个采样点底栖动物数据为基础，利用聚类分析方法比较不同采样季节之间的相关关系，结合文献中底栖动物时间变化特征分析，在目前太湖水质尚未完全恢复时期，底栖动物群落仍以耐污能力强的寡毛类、摇蚊幼虫、河蚬以及铜锈环棱螺为主，在当前太湖水体综合治理仍以污染物控制为主要任务的阶段内，生态清淤工程的水生态影响底栖动物例行监测建议全年监测 2 次即可，但是需要开展长期观测。

9 太湖流域清淤工程水生态效应评估

9.1 水生态监测评价指标选择

生态清淤工程采用物理手段的办法将表层底泥从水体中取出，改变了表层底泥理化性质，同时也可能改变底栖动物的群落组成。底泥理化性质指标主要包括全氮、全磷、有效磷、有机质、pH 等。为了表征底栖动物的群落结构和数量，生态学家提出了许多生物指数。不同生物指数的计算方法各有差异，所表达的含义以及对干扰的响应也不尽相同。生态清淤作为一种对底栖动物群落的干扰行为，需要选择合适的底泥理化性质指标和生物指标评价生态清淤工程影响。

9.1.1 底栖动物候选评价指标

国内外学者针对底栖动物提出了许多生物学评价指标，表 9-1 总结了文献中常用的 6 大类 34 个底栖动物候选生物学指数。

表 9-1　常用底栖动物候选生物指数及对环境胁迫的预期响应

指数类型	代码	候选指数	计算方法	干扰响应
	M1	总分类单元	根据分类鉴定水平，鉴定底栖动物群落所有种类数	减小
	M2	软体动物分类单元	底栖动物中软体动物种类数	减小
	M3	甲壳动物分类单元	底栖动物中甲壳动物种类数	减小
	M4	摇蚊分类单元	底栖动物中摇蚊幼虫种类数	增大
群落丰富度	M5	（甲壳动物+软体动物）分类单元数	底栖动物中软体动物和甲壳动物种类数之和	减小
	M6	蛭纲分类单元数	底栖动物中蛭纲动物种类数	减小
	M7	总密度	单位面积内水生生物个体数（ind/m^2）	可变
	M8	寡毛纲密度 Wright 指数（吴召仕等，2011）	单位面积内寡毛纲动物密度（ind/m^2）	增大
	M9	蛭纲密度	单位面积内蛭纲动物密度（ind/m^2）	增大
	M10	优势分类单元个体相对丰度	第一优势种个体数/样品中总个体数	增大
物种组成	M11	前 3 位优势分类单元相对丰度	前 3 位优势种个体数/样品中总个体数	增大
	M12	颤蚓相对丰度	颤蚓类个体数/样品中总个体数	增大

指数类型	代码	候选指数	计算方法	干扰响应
物种组成	M13	摇蚊相对丰度	摇蚊幼虫个体数/样品中总个体数	增大
	M14	甲壳动物相对丰度	甲壳动物总个体数/样品中总个体数	减小
	M15	软体动物相对丰度	软体动物总个体数/样品中总个体数	减小
	M16	腹足纲相对丰度	腹足纲总个体数/样品中总个体数	减小
	M17	（甲壳动物+软体动物）相对丰度	（甲壳动物+软体动物）总个体数/样品中总个体数	减小
	M18	寡毛纲相对丰度	寡毛纲总个体数/样品中总个体数	增大
	M19	水丝蚓相对丰度	水丝蚓总个体数/样品中总个体数	增大
生物耐污能力	M20	敏感类群分类单元	耐污值不大于 5 的分类单元数	减小
	M21	耐污类群相对丰度	耐污值大于 5 的物种个体总数/样品个体总数	增大
	M22	敏感类群相对丰度	耐污值不大于 5 的物种个体总数/样品个体总数	减小
功能摄食	M23	捕食者相对丰度	捕食者个体数/样品中个体总数	减小
	M24	滤食者相对丰度	滤食者个体数/样品中个体总数	减小
	M25	刮食者相对丰度	刮食者个体数/样品中个体总数	减小
	M26	撕食者相对丰度	撕食者个体数/样品中个体总数	减小
	M27	直接收集者相对丰度	直接收集者个体数/样品中个体总数	增大
生物多样性指数	M28	Shannon-Wiener 生物多样性指数	$H' = -\sum P_i \ln P_i$	减小
	M29	Simpson 多样性指数	$D = 1 - \sum P_i^2$	减小
	M30	invSimpson 多样性指数	$D = 1 / \sum P_i^2$	增加
	M31	Pielou 均匀度指数	$J_{sw} = (-\sum P_i \ln P_i) / \ln S$	减小
	M32	Margalef 多样性指数	$R = (S - 1) / \ln N$	减小
综合指数	M33	BI 指数（耿世伟等，2012）	$BI = \sum N_i t_i / N$，N_i 是物种 i 的个体数，t_i 是物种 i 的耐污值，N 是总个体数	增大
	M34	BPI 指数（吴召仕等，2011）	相对重要性指数，计算方法：$BPI = \lg(N_1 + 2) / (\lg(N_2 + 2) + \lg(N_3 + 2))$，$N_1$ 为寡毛类、蛭类和摇蚊幼虫个体数；N_2 为多毛类、甲壳类、除摇蚊幼虫以外其他水生昆虫个体数；N_3 为软体动物个体数	增大

　　有学者通过研究底栖动物生物指数与水质之间的关系，提出表征清洁和污染程度不同水体的底栖动物生物学指标阈值，如表 9-2 所示。

表 9-2 大型底栖动物单因子评价指数方法（吴召仕等, 2011；耿世伟等, 2012；秦春燕, 2013）

BPI 指数	划分范围	BI 指数	划分范围	Wright 指数
清洁	<0.1	健康	0～5.40	寡毛类密度在 100 ind/m² 以下为无污染
轻污染	0.1～0.5	良好	5.40～6.43	100～999 ind/m² 为轻微污染
β-中污染	0.5～1.5	一般	6.44～7.47	1000～5000 ind/m² 为中度污染
α-中污染	1.5～5.0	较差	7.48～8.51	5000 ind/m² 为重度污染
重污染	>5.0	极差	>8.51	

9.1.2 评价指标筛选方法

在筛选生物评价参数时，首先利用野外采样得到的底栖动物群落数据计算表 9-1 中 6 大类型中各个采样点不同采样时间的生物指数值，比较不同生物指数在参照样点和受损样点之间的差异，筛选那些能够将参照样点和受损样点区别开的生物指数。利用范围检验、敏感性分析、相关性分析和信噪比分析等方法筛选候选参数（de Freitas Terra et al., 2013）。分布范围检测是指对候选参数在所有监测样点中分布频率进行分析，如果参数在样点中分布范围过窄或者存在零值过多的情况（95%），则将其剔除（Barbour et al., 1996）。敏感性分析是指分析候选参数对人类活动的响应程度，主要利用箱线图结合单因素方差分析或者非参数检验，比较各参数在参照点和受损点间的差异是否达到显著性水平，选择对于人类活动具有显著响应的参数作为评价指标，分别把各个候选参数的参考点和受损点数据作箱线图，参考点和受损点箱位图 25%～75%区间完全不重合或者中位数不在彼此之间的候选参数被选中（Barbour et al., 1996）。相关性分析是检验候选参数是否独立，利用 Pearson 相关性分析（参数符合正态分布）或 Spearman 相关性分析（参数不符合正态分布），|r|>0.75 则认为参数之间信息重叠，剔除相关性较高的参数（Maxted, 2000；渠晓东等, 2012）。底泥理化指标的筛选采用和生物学指标相类似的程序和方法。由于本研究主要是为环境监测部门对生态清淤工程水生态影响评价的日常业务化工作提供支撑，在筛选指标时尽量选用能够被普通群众接受的生物学指标。

9.1.3 基于底泥物理化学性状的水生态影响评价指标筛选

根据生态清淤时间将项目实施期间采集得到的样品分为清淤前样品和清淤后样品，图 9-1 为竺山湾、梅梁湾和东太湖生态清淤工程实施前后底泥物理化学性质比较。从图中可以发现，在清淤前后底泥全氮含量有显著差别，底泥有效磷含量中位数在清淤后有明显降低，但是清淤后底泥有效磷含量变化范围较宽，底泥有机质含量变化不明显。

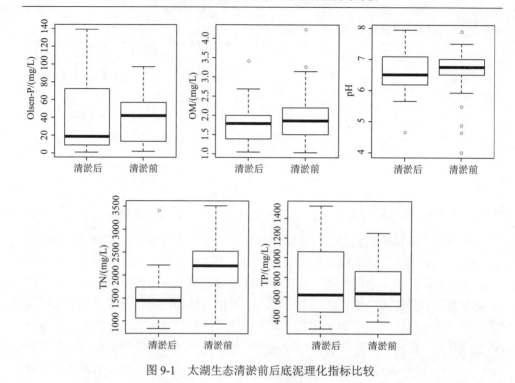

图 9-1　太湖生态清淤前后底泥理化指标比较

　　太湖底泥不同理化指标之间的相关关系如图 9-2 所示。底泥全磷与有效磷呈正相关关系，相关系数达 0.85。相对于底泥有效磷的测定，底泥全磷含量测定工序较为烦琐，加之在清淤前后底泥有效磷含量差异较全磷明显，生态清淤工程清除的主要是表层有效磷含量较高的底泥，有效磷对生态清淤工程实施更加敏感，因此选择底泥有效磷含量作为底泥清淤前后磷素含量变化指标。生态清淤工程主要是采用机械的方法将上层底泥从原来区域剥离，因此选用表征底泥物质含量的全氮、有效磷、有机质含量 3 个指标作为生态清淤工程水生态影响的评价指标。

9.1.4　基于底栖动物生态学指标的水生态影响评价指标筛选

　　利用底栖动物群落数据计算表中的不同生物指数，比较太湖生态清淤前后不同生物指数变化情况，如图 9-3 所示。比较太湖生态清淤工程实施前后采样点不同生物指数变化情况，可以发现在计算的 33 个指数中，寡毛纲密度、蛭纲密度和撕食者相对丰度三项指标清淤前中值大于清淤后 25% 的分位数，优势分类单元相对丰度、腹足纲动物相对丰度和刮食者相对丰度中值在清淤后增加到清淤前 25% 的分位数。寡毛纲密度和蛭纲密度属于群落丰富度指数，撕食者相对丰度和刮食者相对丰度属于功能摄食类指数，优势分类单元相对丰度属于物种组成类指数。

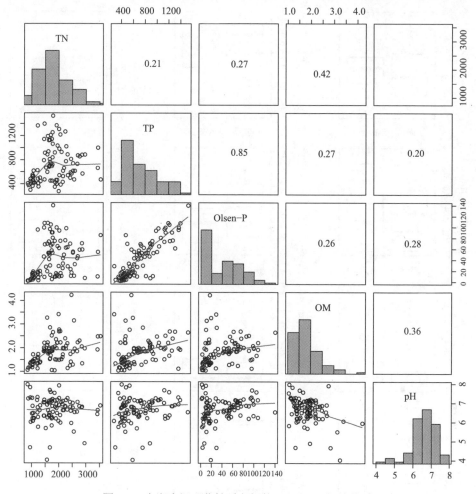

图 9-2 太湖底泥理化性质之间的 Spearman 相关关系

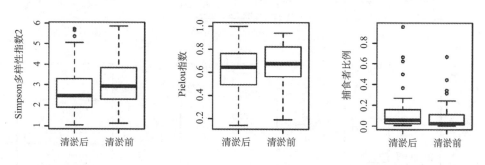

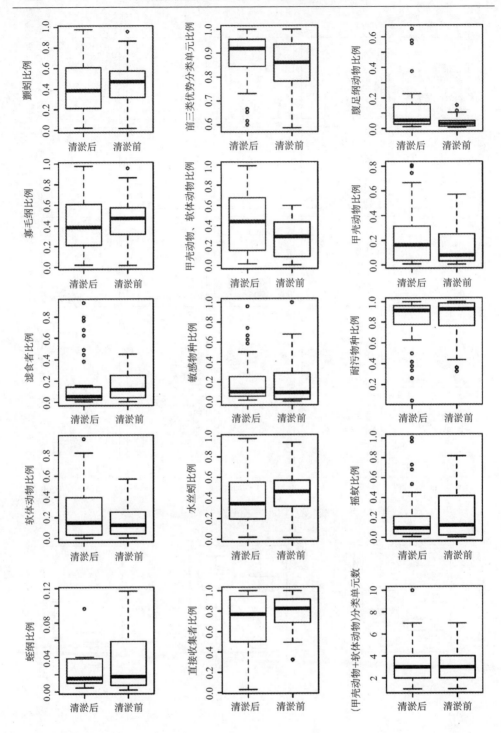

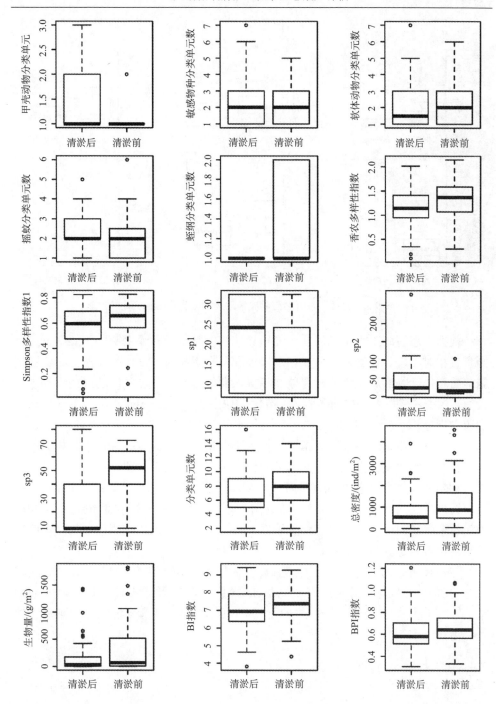

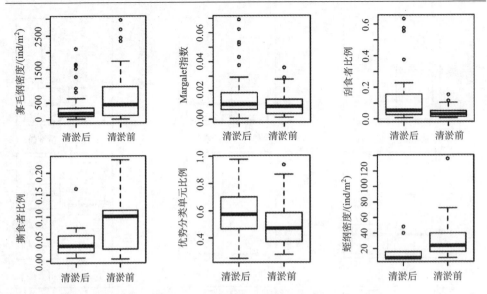

图 9-3　太湖生态清淤前后底栖动物部分生物学指标比较

　　根据生态清淤工程实施前后生物指数比较的结果，寡毛纲密度、蛭纲密度、撕食者相对丰度、优势分类单元相对丰度和刮食者相对丰度作为生态清淤工程实施前后底栖动物群落变化的候选监测指标，此外国内外学者常用的底栖动物生物指数，如香农-维纳多样性指数、BI 指数、BPI 指数、Margalef 指数也列为候选生物监测指标。

　　为了进一步筛选候选监测指数，检验不同指数之间的相关性，剔除相关性较高、具有重复意义的指数，对候选参数做相关分析，结果如图 9-4 所示。结果表明，香农-维纳多样性指数和优势分类单元相对丰度之间相关系数高达 0.87，选择应用较为广泛的香农-维纳多样性指数代替优势分类单元相对丰度指数；腹足纲动物相对丰度和刮食者相对丰度相关系数为 1，主要原因是在检测得到的太湖底栖动物刮食者就是腹足纲动物。

　　综合底栖动物不同生物指数在清淤前后变化以及相互之间的关系，结合文献报道的研究结果，选定寡毛纲密度（Wright 指数）、香农-维纳多样性指数、Margalef 指数、BI 指数、BPI 指数等 5 个指数作为评价生态清淤工程实施前后底栖动物的评价指标。

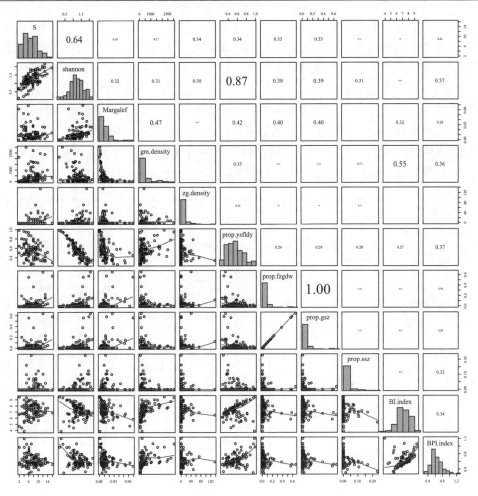

图 9-4　太湖生态清淤候选参数相关关系

9.1.5　底栖动物指示生物筛选

指示生物的筛选方法包括生物习性法和数量生态学方法。生物习性法主要依据生物本身的生理特征、生活史和生活习性，指示生物只有在特定的生态环境条件下才出现。由于大多数生物并不是只能在某个生态状况下才能存在，生物能够适应的生态域通常较宽，并不具有专一性，指示生物难以确定。生态环境状况是影响指示生物存在和数量的众多因素之一，指示生物的存在与否并不能完全判断生态环境状况质量。此外，某些指示生物具有较强的地域性，某些区域即使生态环境状况很好，可能也无指示生物存在。采用数量生态学方法筛选指示生物是根据区域种群数量特征，选择一个生物物种或多个生物物种组合作为与该区域具有相关关系的代表性物种。

本书尝试通过比较生态清淤前后每种底栖动物的数量变化，在生态清淤工程实施前后种群数量发生显著变化的物种可以被看作敏感物种或者指示物种。

图 9-5 为生态清淤前后种群数量有显著差异的六种底栖动物，它们分别是雕翅摇蚊属、环足摇蚊属、水丝蚓属、苏氏尾鳃蚓、泽蛭属和齿吻沙蚕，均属于耐污型底栖动物。生态清淤工程实施后通过将污染严重的底泥清除出水体，显著改变了水体底部的氧气含量、氧化还原电位、底质组成和营养状况等底栖动物生境，因此显著降低了耐污型底栖动物种群数量。

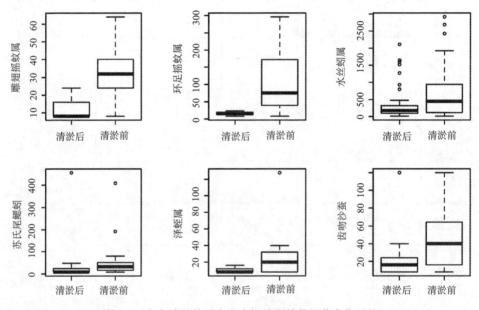

图 9-5   生态清淤前后太湖底栖动物数量显著变化对比

9.2   太湖生态清淤工程实施前后水环境变化

自 2007 年无锡饮用水危机事件暴发以来，在竺山湾、梅梁湾等重污染湖区和东太湖沼泽化比较严重的区域实施了大规模的生态清淤工程。生态清淤工程是通过将底部富含氮磷营养物质的底泥直接从水体去除达到降低水体污染负荷的目的。由于在国外没有大型浅水湖泊实施生态清淤工程经验，生态清淤工程的实施对湖泊水生态造成的潜在影响是广大工程技术人员和管理者比较关心的问题。本研究通过近 3 年对竺山湾、梅梁湾和东太湖生态清淤工程实施前后水生态状况变化跟踪监测，评价了实施太湖生态清淤工程对水生态的影响。

湖泊水体水质不仅受到入湖污染源、入湖水量、气象条件等外界因素，而且受到湖盆形态、底泥累积、水生植物等湖泊内在因素影响，湖泊水体水质变化是内外因素共同作用的结果。

根据《太湖流域水环境综合治理总体方案》，太湖流域在实施生态清淤工程的同时，大力开展了污染物总量控制，强化了工业点源污染治理，统筹了城乡污水处理，积极防治农业面源污染，加强了生态修复与建设，实施了"引江济太"调水工程等综合工程和管理措施，上述多种措施综合对重污染湖区的水体水质产生了重要的影响。

9.2.1 采样地点分布

太湖属于平均水深不足 2m 的典型浅水性湖泊，受风力作用上下层之间交换频繁，不存在明显的分层现象，同一湖区内水体之间在风力作用下交换也比较频繁。受湖盆形态和入湖污染源的影响，不同湖区水体水质可能存在差异，分别在竺山湾湖心（ZSWHX）、梅梁湾湖心（MLWHX）、小湾里（XWL）、东太湖的庙港水源地附近（MG）各布置一个水质采样点，采集和分析地表水水样，并收集历史资料进行对比分析（图 9-6）。

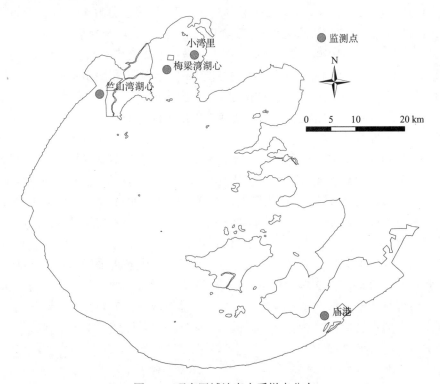

图 9-6 研究区域地表水采样点分布

　　地表水水样主要水质指标有 pH、溶解氧、总氮、总磷、氨氮、高锰酸盐指数、COD、BOD₅、水下光强等指标。在每个采样点，每个月采集一次地表水样品，样品采集、运输、保存和检测分析按照相应地表水检测规范操作。

　　利用 R 语言 ggplot 工具包对地表水数据进行统计分析，并用局部多项式回归函数（loess 函数）拟合地表水变化趋势，分析不同水质指标的变化规律。

9.2.2　采样点水质变化趋势

　　竺山湾是太湖重污染区域，也是流域治理的重点区域。在竺山湾入湖流域的宜兴市、武进区通过"河长制"等强有力的管理措施，实施了污染源控制工程，入湖污染负荷继续恶化的趋势有所控制。竺山湾生态清淤工程开始于 2008 年，在此后连续 5 年都有施工，最后一块施工区域为本项目监测区域。

　　从图 9-7 的四个采样点 pH 变化趋势可以发现，从 2006 年 1 月生态清淤工程实施前至 2015 年 7 月，竺山湾湖心 pH 从 2006 年低于 8.0 逐渐缓慢升高至高于8.0，总体呈波动中缓慢上升，在 2012 年 1 月左右 pH 呈短暂低于 7.0。梅梁湾湖心 pH 从 2006 年低于 8.0 开始逐渐升高至 2007 年开始基本稳定在 8.2，在 2012年 1 月前约 5 个月期间下降至低于 8.0，除 2015 年最初几个月 pH 略有下降外其他月份均高于 8.2。小湾里水体 pH 总体变化不明显，从 2010 年开始由接近 8.5开始略为降低至 8.2 左右。庙港采样点地表水 pH 从 2006 年开始至 2009 年基本稳定在 7.5 左右，从 2010 年开始至 2012 年 1 月呈现上升趋势平均值达到 8.0，在这之后 pH 又略为回落至 7.5。水质 pH 主要受湖泊上游来水和底质等地球化学因素影响，水体藻类、浮游生物、水生植物等水生生物生命活动对 pH 均有影响，它们的光合作用和呼吸作用随着季节的变换表现出不同特征，因此总体来看水体 pH呈现一定季节性规律。

　　温度是影响水体溶解氧含量的主要因素，水温越低，溶解氧越高，因此四个采样点溶解氧含量都表现出明显的季节性波动，冬季溶解氧含量高，夏季偏低。如图 9-8 所示，在 2011 年前竺山湾溶解氧变幅较宽，2011 年后溶解氧有增加的趋势，溶解氧最低值高于 5mg/L，说明竺山湾在 2011 年水体自净能力有所上升。梅梁湾湖心和小湾里采样点溶解氧在 2011 年开始均有上升趋势。小湾里采样点溶解氧平均浓度达 10mg/L。相比于湖西区采样点，东太湖庙港采样点水体溶解氧含量总体较低，2006～2012 年水体溶解氧浓度呈增加趋势，此后又有所下降。东太湖水体溶解氧含量除与气温等因素有关外，水体较浅底泥容易在风浪的作用下再悬浮，过多的水生植物在冬天腐烂消耗水体氧气，导致即使在冬天水体温度较低的情况下，溶解氧也偏低。

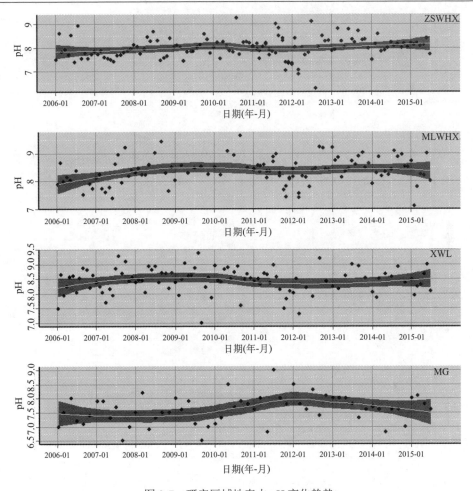

图 9-7　研究区域地表水 pH 变化趋势

2006～2015 年，图中白线为采用 loess 方法平滑后曲线，灰色为置信区间，下图同

　　从无锡饮水危机后，太湖流域开始了"铁腕治太"等严格的污染控制措施，有力地遏制了入湖污染负荷继续增加的趋势。在竺山湾上游同样采取了多种严格的污染源控制措施，实施了诸多水生态修复工程，但是由于历史欠账太多，竺山湾湖心采样点水体 TN 浓度没有如其他采样点那样在控制初期就表现为明显的下降趋势。从 2006～2015 年竺山湾水体 TN 浓度表现为维持在 5.0mg/L 浓度左右基础上略有下降趋势，如图 9-9 所示。

　　除竺山湾湖心外，其他三个采样点地表水 TN 浓度表现出明显的下降趋势，梅梁湾湖心和小湾里采样点水体 TN 浓度从 2006～2009 年下降趋势比较明显，之后水体 TN 浓度基本保持稳定，基本保持在 GB 3838—2002 中地表水 Ⅴ 类水体质量标准浓度（2.0mg/L）左右。在实施包括生态清淤在内的水体污染控制措施之初，

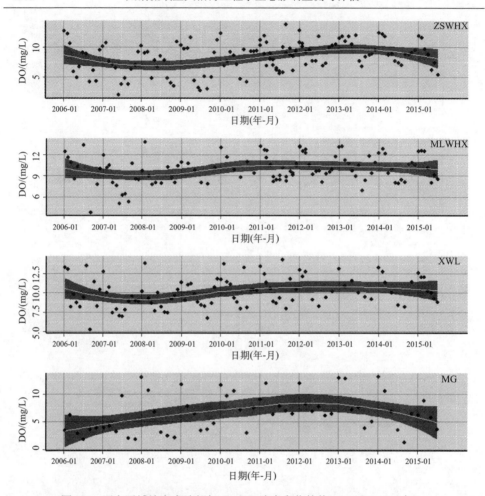

图9-8　研究区域地表水溶解氧（DO）浓度变化趋势（2006～2015年）

水体氮素浓度控制效果明显，在治理后期效果不如前期明显。庙港采样点地表水 TN 浓度从 2006 年的 8.0mg/L 经过近 10 年的持续下降已经低于 2.0mg/L，这可能与东太湖实施了包括生态清淤、堤岸整治、航道洪水通道疏浚、水草打捞在内等综合水环境整治工程，及时将氮素重要来源的底泥和水生植物清除出水体有关。

地表水污染物浓度不仅与上游来水污染负荷有关，也与降雨、上游来水量有关。竺山湾采样点地表水 TN 浓度呈现明显的年内周期性变化，在春季 TN 浓度最高，此时为水位最低、温度升高，固定在底泥中的氮素随着温度升高释放到上覆水体中，在夏季苕溪山区低浓度地表径流汇入到太湖，稀释了水体高浓度的氮素。

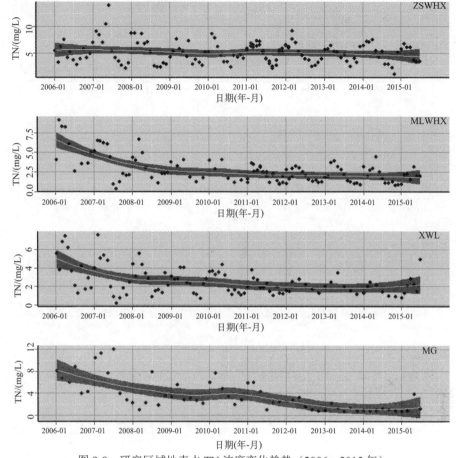

图 9-9　研究区域地表水 TN 浓度变化趋势（2006～2015 年）

　　四个采样点的地表水氨氮浓度变化趋势和总氮相类似，如图 9-10 所示，竺山湾氨氮浓度 2006～2015 年呈逐步下降的趋势，也呈现出年内季节性变化规律。氨氮主要来源于生活污染源等点源，竺山湾氨氮浓度呈现出逐渐降低的趋势，一方面说明上游点源污染控制的难度很大，另一方面水体氨氮浓度变幅变窄也说明控制效果正逐渐显现。从 2010 年开始，其他三个采样点地表水氨氮浓度在全年均能维持在Ⅲ类水体质量标准以下。

　　与水体 TN 浓度类似，竺山湾湖心 TP 浓度变化趋势不明显，不过没有像 TN 表现出明显的季节性变化规律，如图 9-11 所示。地表水 TP 浓度变化幅度在 2010 年左右达到最大，此后地表水 TP 浓度变幅收窄，但是地表水 TP 浓度总体仍然高于Ⅴ类水体指标标准（0.1mg/L）。梅梁湾湖心和小湾里水质采样点地表水体 TP 浓度在 2010 年左右基本稳定在 0.05mg/L。庙港水源地水体 TP 浓度从 2006 年高于 0.2mg/L 持续下降至 2011 年 0.1mg/L，此后基本维持在 0.1mg/L。

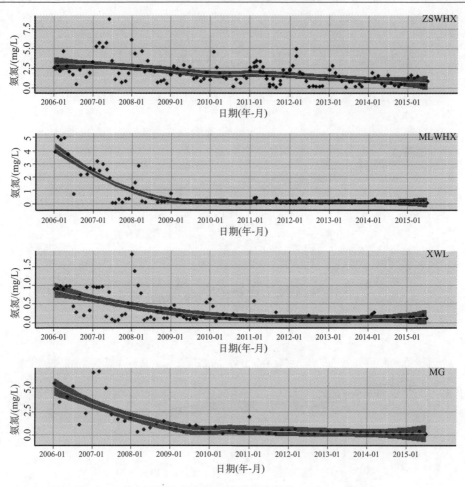

图 9-10　研究区域地表水氨氮浓度变化趋势（2006～2015 年）

竺山湾湖心地表水高锰酸盐指数含量从 2006 年开始至 2015 年均呈持续下降趋势，在年内也表现出与 TN 相类似的周期性（图 9-12），2015 年高锰酸盐指数基本稳定在Ⅲ类水体（6mg/L）。与其他指标类似，梅梁湾湖心与小湾里采样点高锰酸盐指数在 2010 年之前有下降的趋势，2010 年后基本保持稳定状态，但是变幅变窄。庙港采样点从 2006 年开始同样也有下降趋势，但是高锰酸盐指数高于其他三个采样点，这可能与该区域水生植物茂盛、水草腐烂导致溶解态有机质含量偏高有关。

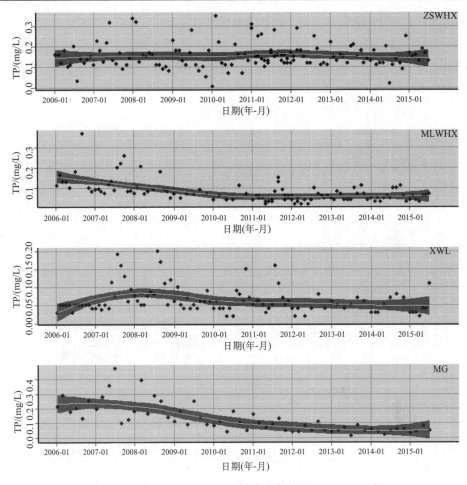

图 9-11 研究区域地表水 TP 浓度变化趋势（2006～2015 年）

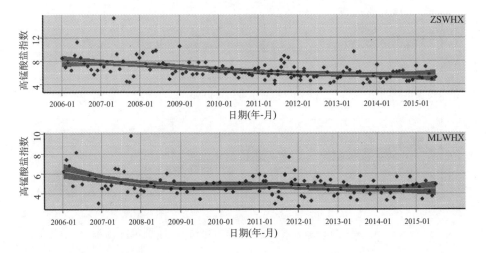

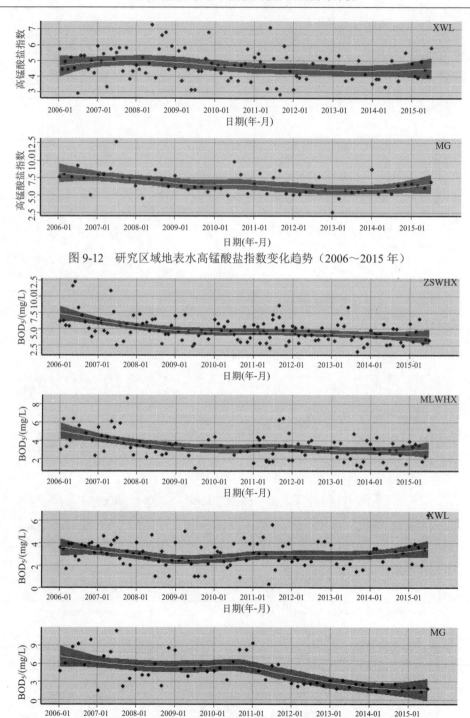

图 9-12　研究区域地表水高锰酸盐指数变化趋势（2006～2015 年）

图 9-13　研究区域地表水 BOD_5 浓度变化趋势（2006～2015 年）

　　竺山湾、梅梁湾和庙港地表水 BOD$_5$ 含量均表现为不同程度的下降趋势（图9-13）。与其他指标不同的是，庙港采样点水质在 2011 年后还存在一个比较明显的下降趋势，这可能与在采样点区域实施生态清淤工程，增加了水体深度，减轻了该湖区水生植物腐烂累积有关。

　　水下光强是影响水生植物生长的重要环境因素，水下光强不仅受天气、云层等气象因素影响，而且受到水体风浪、悬浮物含量等影响。随着水体深度增加，水下光强逐渐降低。在相同天气条件下，水体内悬浮物含量越高，水体越浑浊，水下光强下降得越快。梅梁湾 2013 年 4 月采样点水下光强见图 9-14，梅梁湾水下光强衰减到零值一般在 0.75～1.00m，几个点位之间差异较小。竺山湾 2013 年4 月采样点水下光强见图 9-15，竺山湾水下光强衰减一般在 0.25～0.50m，10 个点位之间差异较小。

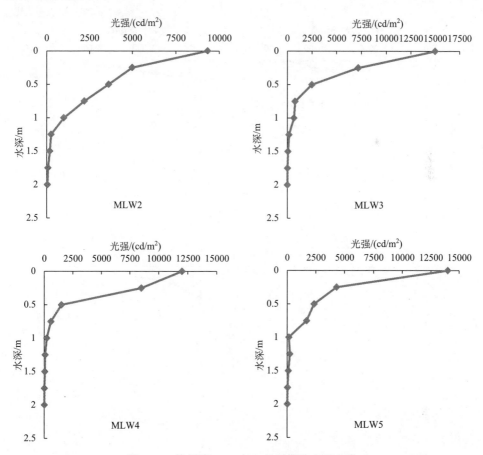

图 9-14　梅梁湾 2013 年 4 月采样点水下光强

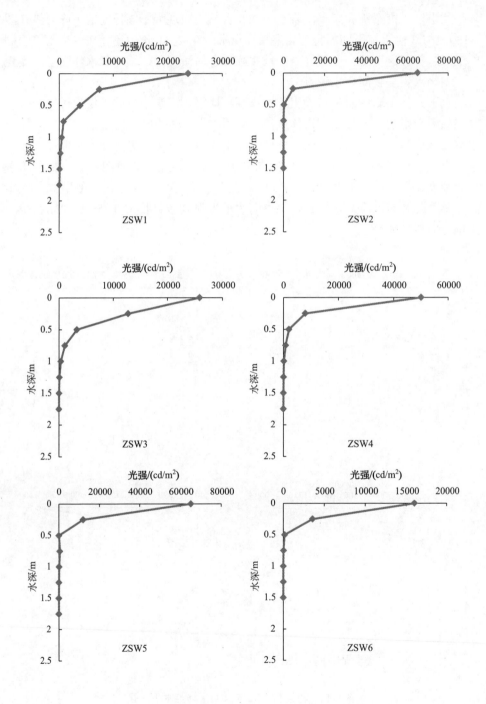

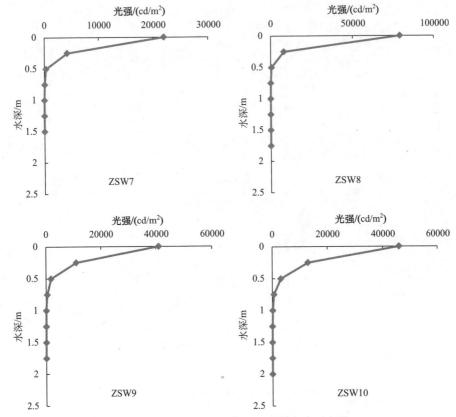

图 9-15 竺山湾 2013 年 4 月采样点水下光强

图 9-16 给出了 2013 年 9 月竺山湾、梅梁湾采样点水下光强分布状况，9 月竺山湾水下光强衰减一般在 0.50～0.75m，5 个点位之间差异较小，但较 4 月有所提高；梅梁湾湖水下光强衰减在 1.00～1.25m，9 月清淤后对水下光强垂向分布影响较小。

图 9-17 给出了 2013 年 9 月东太湖水下光强分布状况，9 月水深较浅，一般在 1.0～1.2m，但由于东太湖水质较好，水下光强衰减一般在 0.5～1.0m，5 个点位之间差异较小。

在生态清淤过程中，对周边水域水下光强的变化情况进行了分析，监测过程中，以生态清淤船作业点为圆心，不同距离测定其水下光强的变化，由图 9-18 可知，距离作业点越近时，水下光强越小，且衰减也越快，距离 50m 以上时，生态清淤的影响逐步减小，距离 80m 时基本恢复正常。

在实际监测过程中发现，由于监测船在湖面上难以保持静止状态，船体本身对太阳光线有干扰，在有水生植物的区域水生植物叶片本身对于水下光强也有较大干扰，种种因素难以保证较好的重现性，监测时测定得到的水下光强值有时经常处于大幅度变动状态。因此在后续野外监测过程中没有测定水下光强指标。

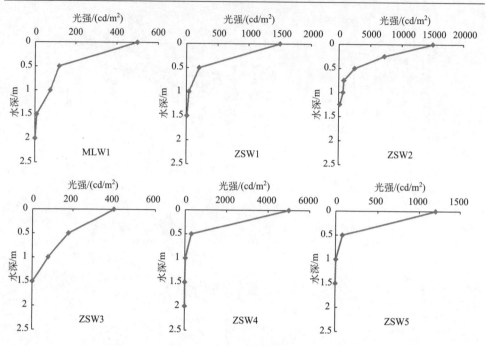

图 9-16　2013 年 9 月竺山湾、梅梁湾采样点水下光强

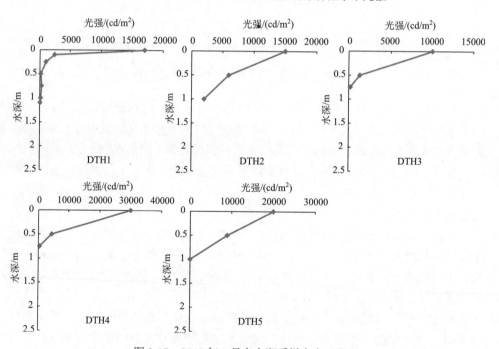

图 9-17　2013 年 9 月东太湖采样点水下光强

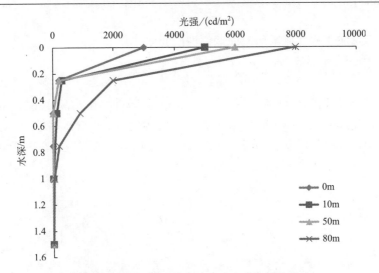

图 9-18　生态清淤施工过程对水下光强的影响

　　图 9-19 给出了竺山湾与东太湖溶解氧垂向分布，从垂向分布结果来看，2013年 9 月两个湖区溶解氧垂向混合都比较均匀，垂向变化不大。这主要是由于太湖属于浅水型湖泊，平均水深为 2m 左右，在风浪的作用下水体垂向方向上混合均匀。

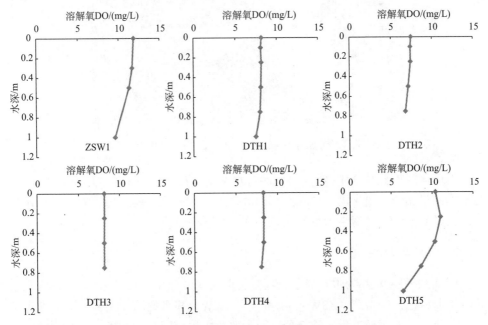

图 9-19　2013 年 9 月竺山湾、东太湖溶解氧垂向分布

9.2.3 生态清淤工程实施前后底泥理化性质变化

1. 底泥含水率

2013 年 4 月监测得到梅梁湾未清淤区域底泥较厚,平均深度超过 1m;竺山湾未清淤底泥厚度在 35～75cm,底泥为棕黑色流泥,土壤含水率较高,各个采样点底泥平均含水率如图 9-20 所示。竺山湾区靠近河口的采样点明显高于其他敞口水域和梅梁湾。

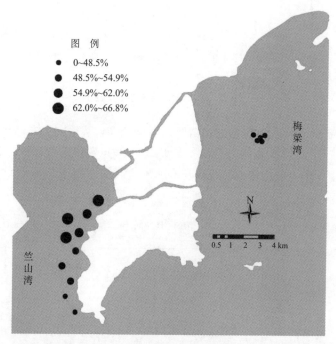

图 9-20　竺山湾与梅梁湾未清淤区域采样点底泥含水率(2013 年 4 月 25～27 日)

竺山湾、梅梁湾 2013 年 9 月底泥含水率基本在 45%～60%(图 9-21),与 4 月监测结果相似,竺山湾点位越向湾内底泥含水率越高,其中梅梁湾采样点 4 月以后已经清淤,比较清淤前后底泥含水率,总体变化不大。

2. 底泥营养盐含量

图 9-22～图 9-26 为生态清淤工程实施前后底泥理化性状对比。与生态清淤工程实施前相比,竺山湾(ZSW)、梅梁湾(MLW)和东太湖(DTH)采样点底泥全氮含量在生态清淤工程实施后最近一次监测中均有明显的下降,随着清淤后时间的延长,底泥中全氮基本保持不变甚至有所增加。在东太湖,由于水生植物植

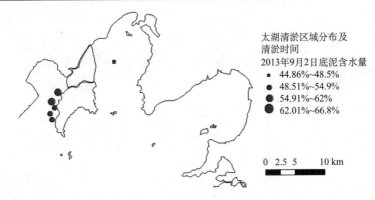

图 9-21 2013 年 9 月太湖采样点底泥含水率

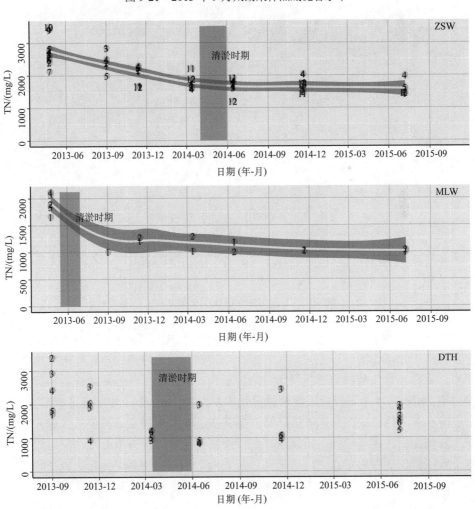

图 9-22 生态清淤工程实施前后底泥全氮（TN）含量变化

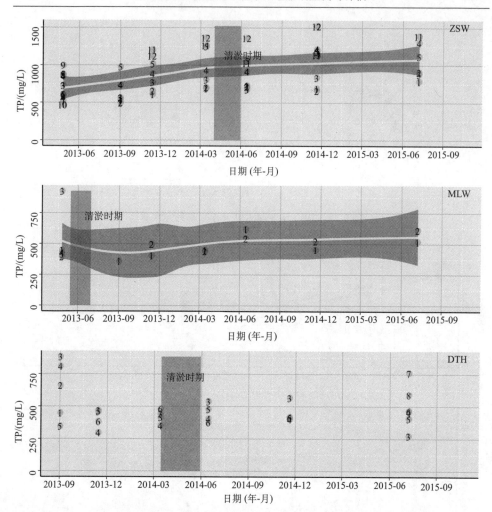

图 9-23　生态清淤工程实施前后底泥全磷（TP）含量变化

被生长覆盖度和生物量较大，水生植物在不同季节生长和腐烂对底泥的营养物质含量具有一定的影响。以东太湖 3 号采样点为例，该采样点为对照点未实施生态清淤，采样点水生植物组成主要为马来眼子菜、菱角、苦草等浮叶植物和沉水植物为主，清淤前 4 个采样点底泥全氮含量相差不大，在清淤工程实施区域的 4 号、5 号和 6 号采样点底泥全氮含量降低，显著低于 3 号采样点底泥全氮含量。在清淤工程实施后约半年时间，清淤区域采样点底泥全氮含量有所上升，但仍然显著低于未清淤的 3 号对照点，这次采样是在冬天，水生植物腐烂可能增加底泥氮素累积。在清淤工程实施后约 1 年时间时，工程实施区域和未实施区域采样点底泥全氮含量没有显著差异。

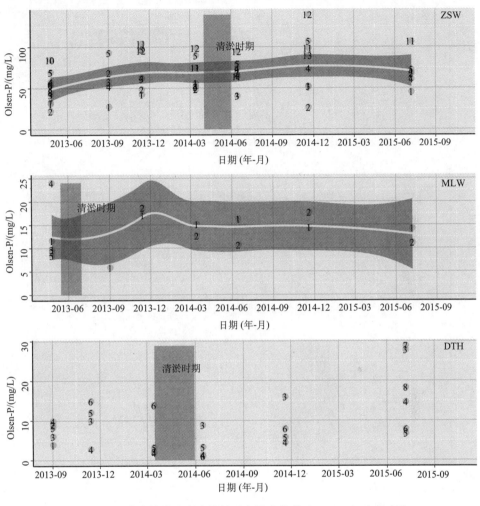

图 9-24 生态清淤工程实施前后底泥有效磷（Olsen-P）含量变化

竺山湾和梅梁湾采样区域没有水生植被群落，基本不存在水生植物生长吸收和腐烂释放营养物质对于底泥营养物质的影响，底泥营养物质与上覆水体存在交换过程对底泥营养物质含量有影响。

与底泥全氮含量在生态清淤工程实施前后变化特征不同，生态清淤工程实施前后竺山湾和梅梁湾底泥全磷含量没有明显变化，在竺山湾甚至观测得到底泥全磷含量有所上升，11 号和 12 号采样点位于清淤工程实施近 5 年的区域，两个采样点底泥全磷含量在几次监测过程中同样保持较高水平。东太湖生态清淤工程实施后两次采样中底泥全磷含量相对于对照点有所下降，在工程实施后 1 年底泥含量和工程实施前相比基本没有变化。

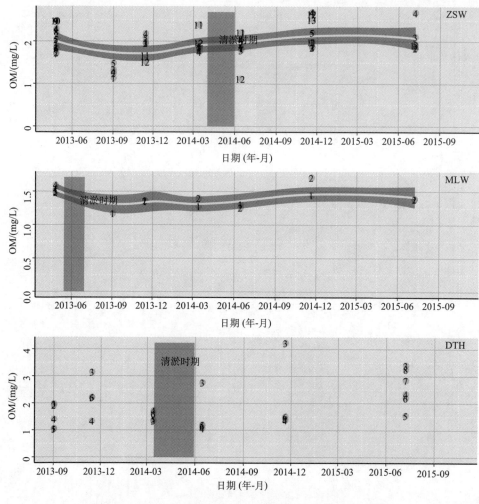

图 9-25　生态清淤工程实施前后底泥有机质（OM）含量变化

　　生态清淤工程对底泥有效磷含量的影响与对全磷含量影响相类似，短期内速效磷含量略有下降，超过半年后速效磷基本和清淤前相差不大。

　　生态清淤工程对底泥有机质含量的影响与对全磷含量影响相类似，短期内有机质含量略有下降，超过半年后速效磷基本和清淤前相差不大，甚至有所升高。受水生植物生长的影响，东太湖底泥有机质含量显著高于竺山湾和梅梁湾。

　　竺山湾和梅梁湾底泥 pH 在生态清淤工程实施前后略有波动，不同采样点之间 pH 差异不明显，总体均高于 7.0。东太湖各个采样点 pH 在清淤工程实施前有所差异，有部分采样点 pH 低于 7.0，清淤工程实施后的半年内两次采样中底泥 pH 由高于 7.0 降低为 7.0，在生态工程实施 1 年后底泥 pH 基本维持在 6.0，未清淤区

域样品底泥 pH 则更低。东太湖底泥 pH 在生态工程实施前后表现出与竺山湾、梅
梁湾不同的变化特征，同样与其水生植物群落有关。水生植物腐烂时消耗氧气，
在泥-水界面形成厌氧环境，微生物活动过程中分泌有机酸等酸性物质，降低底泥
pH，在将表层底泥清除后在采样点采集的底泥有机质低，表层底泥氧化还原电位
升高，酸性物质累积较少，因此 pH 呈碱性。随着清淤工程实施后时间的延长，
生态清淤工程实施区域和未实施区域之间物质交换，两者之间的差异逐渐缩小。

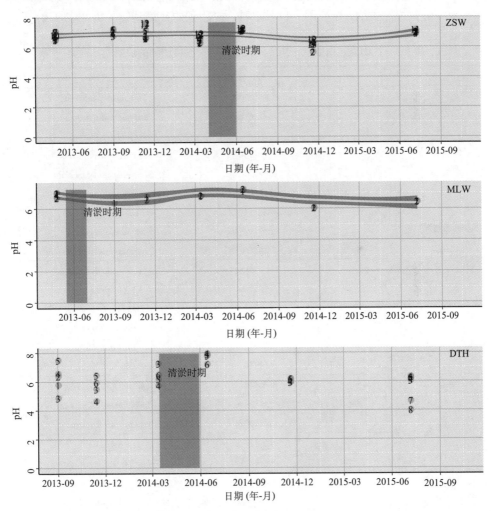

图 9-26　生态清淤工程实施前后底泥 pH 变化

9.3　生态清淤工程实施前后底栖动物评价

9.3.1　采样区域底栖动物总体情况

本项目研究期间在竺山湾、梅梁湾与东太湖检测到大型底栖无脊椎动物共计 3 门（软体动物门、环节动物门和节肢动物门）7 纲（腹足纲、瓣鳃纲、寡毛纲、多毛纲、蛭纲、昆虫纲、甲壳纲）44 属、种，检测到的底栖动物种类如表 9-3 所示。

表 9-3　竺山湾、梅梁湾、东太湖代表性研究区检测到的底栖动物种类

门	纲	种、属	拉丁名
软体动物门	腹足纲	长角涵螺	*Alocinma longicornis*
		纹沼螺	*Parafossarulus striatulus*
		大沼螺	*Parafossarula eximius*
		大脐圆扁螺	*Hippeutis umibilicalis*
		方格短沟蜷	*Semisulcospira cancelata*
		光滑狭口螺	*Stenothyra glabra*
		铜锈环棱螺	*Bellamya aeruginosa*
		角形环棱螺	*Bellamya angularis*
		椭圆萝卜螺	*Radix swinhoei*
	瓣鳃纲	河蚬	*Corbicula fluminea*
		丽蚌属	*Lamprotula*
		湖沼股蛤	*Limnoperna fortunei*
		背角无齿蚌	*Anodonta woodiana*
		圆顶珠蚌	*Unio douglasiae*
		扭蚌	*Arconaia lanceolata*
环节动物门	寡毛纲	苏氏尾鳃蚓	*Branchiura sowerbyi*
		水丝蚓属	*Limnodrilus Claparede*
		管水蚓属	*Aulodrilus Bretscher*
	多毛纲	齿吻沙蚕	*Nephthys*
		疣吻沙蚕	*Tylorrhynchus heterochaeta*
		未知种 1	Unknown sp1
		未知种 2	Unknown sp2
		未知种 3	Unknown sp3
	蛭纲	舌蛭属	*Glossiphonia*
		泽蛭属	*Helobdella*
		蛙蛭属	*Batracobdella* sp

续表

门	纲	种、属	拉丁名
节肢动物门	昆虫纲	隐蚊属	*Chironomus*
		隐摇蚊属	*Crytochironomus*
		小摇蚊属	*Microchironomus*
		二叉摇蚊属	*Dicrotendipes*
		小摇蚊属	*Microchironomus* sp
		长跗摇蚊属	*Rheotanytarus* sp
		雕翅摇蚊属	*Glyptotendipes*
		环足摇蚊属	*Cricotopus*
		长足摇蚊属	*Tanypus*
		弯铗摇蚊属	*Cryptotendipes*
		多足摇蚊属	*Polypedilum*
		玉带蜻	*Pseudothemis zonata Burmeister*
	甲壳纲	太湖大鳌蜚	*Grandidierella taihusis*
		杯尾水虱属	*Cythura*
		径石蛾科	*Ecnomidae*
		凹背新尖额蟹	*Neorhynchoplax introversus*
		长臂虾属	*Palaemon*

9.3.2　生态清淤工程实施前后底栖动物群落指数变化分析

利用本研究提出的生态清淤工程对底栖动物群落影响的评价指数和指示物种，评价实施生态清淤工程对竺山湾、梅梁湾和东太湖区域的影响。

寡毛纲动物能够在低氧、无光等恶劣条件下生存，是反映水体污染状况的重要指标，寡毛纲动物密度也称为 Wright 指数，本项目采集得到的寡毛纲动物主要有苏氏尾鳃蚓、水丝蚓属、管水蚓属几种。从图 9-27 可以发现，在竺山湾生态清淤工程实施后寡毛纲密度有明显下降。根据表 9-2 提出的分类标准，在工程实施前竺山湾底泥为轻微污染～中度污染程度，3 号采样点寡毛纲密度最高值达 2920ind/m^2，在实施生态工程清淤后 1 年内 5 个采样点的寡毛纲密度基本相同，维持在 260ind/m^2，底泥状态为轻微污染。第 11 号、12 号和 13 号采样点共三次检测得到寡毛类密度高于刚清淤后采样点，上述三个采样点位于已经实施生态清淤工程 5 年后区域。

梅梁湾采样点在生态清淤工程实施后寡毛类底栖动物密度略有增加，东太湖在生态清淤工程实施后第一次采样时寡毛类底栖动物密度明显降低。东太湖各采样点寡毛类底栖动物密度小于梅梁湾，属于轻微污染。

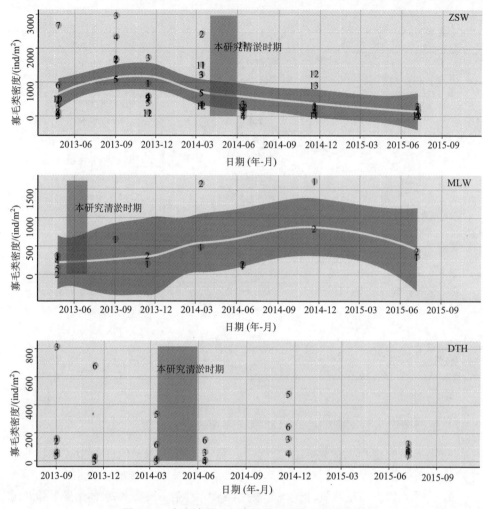

图 9-27　生态清淤工程实施前后寡毛纲密度变化

　　从图 9-28 可以看出,竺山湾采样点在生态清淤工程实施后短期内底栖动物生物多样性有所降低,在清淤后 1 年香农-维纳多样性指数重新上升,与第一次采样时相类似。竺山湾 11 号、12 号为生态清淤工程实施至少 4 年后的采样点,11 号采样点的香农-维纳生物多样性指数在临近本研究区域生态清淤工程实施后也出现了先降后升的变化规律,而 12 号采样点的香农-维纳多样性指数则变化不明显。分析其原因可能与 11 号采样点相对于 12 号采样点更靠近清淤区域,当清淤工程完成后,在已经清淤多年区域和刚清淤完区域之间存在高程梯度,在风浪等物理搬运作用条件下底栖动物随着泥沙向清淤区域移动,造成靠近清淤区域的 11 号采样点生物多样性指数降低,而距离刚清淤区域较远的采样点生物多样性指数下降不明显。

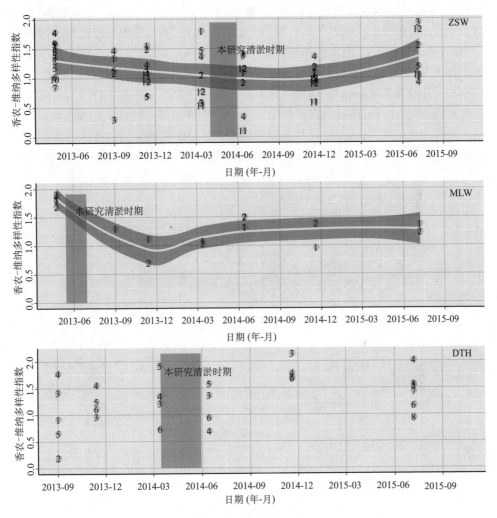

图 9-28 生态清淤工程实施前后香农-维纳多样性指数变化

在梅梁湾刚清淤后，香农-维纳生物多样性指数下降明显，从大于1.5降低至
1.0，在清淤后半年多样性指数最低，此后逐渐恢复至1.2，清淤后2年该区域采
样点生物多样性指数基本不变。东太湖4号和5号采样点在生态清淤工程实施后
香农-维纳多样性指数下降，清淤半年后生物多样性指数恢复至略高于清淤前的水
平，清淤后1年多时香农-维纳多样性指数与未清淤的7号和8号采样点相差不大。
3号与6号采样点分别位于备用水源地未清淤和清淤区域，3号点香农-维纳多样
性指数在清淤工程实施后始终高于6号采样点约1.0，两个采样点在清淤后3个月

内香农-维纳多样性指数均有相似幅度的上升至最高值，3 号点的香农-维纳多样性指数最高值达到 2.2，半年后生物多样性指数又同步下降，但是略高于生态清淤工程实施前。在备用水源地附近，生态清淤工程不但没有减少清淤区香农-维纳多样性指数，甚至同时增加了清淤区和非清淤区的生物多样性指数。

如图 9-29 所示，在竺山湾，生态清淤后半年内 Margalef 指数没有显著变化，在清淤后 1 年多时 Margalef 指数有所升高，说明在清淤 1 年后生物多样性得到了改善。梅梁湾 Margalef 指数在清淤后 6 个月内下降明显，此后又逐渐恢复，但是两个采样点之间的 Margalef 指数差异比较明显，说明在清淤后的生态恢复过程中空间异质性较大。在清淤 6 个月后第一水厂 4 号和 5 号采样点 Margalef 指数下降，

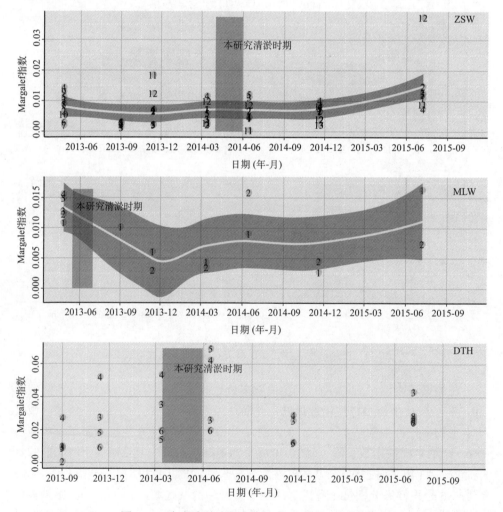

图 9-29　生态清淤工程实施前后 Margalef 指数变化

与 3 号、6 号采样点接近。在清淤工程实施 1 年后清淤后的 4 号、5 号和 6 号采样点 Margalef 指数一致，均低于 3 号未清淤采样点。

在实施生态清淤工程前 4 次竺山湾监测数据表明，底栖动物 BI 指数超过 7.5（图 9-30），在清淤工程实施后 BI 指数呈逐渐下降趋势，在清淤 1 年后 BI 指数在 6.5 左右，参考秦春燕（2013）提出的溪流 BI 指数评价标准，BI 指数在 6.44 和 7.47 之间水体水质为"一般"，BI 指数在 7.48 和 8.51 之间上覆水体水质为"较差"，据此可以认为竺山湾水体水质在生态清淤工程实施后由"较差"转变为"一般"。梅梁湾 BI 指数在生态清淤后略有上升，由不到 7.5 缓慢上升到 7.5。东太湖在生态清淤工程实施后 3 个月时 BI 指数也略有下降，在清淤后 6 个月时清淤点和未清淤点 BI 指数几乎一致，在清淤后 1 年 BI 指数又有所回升。

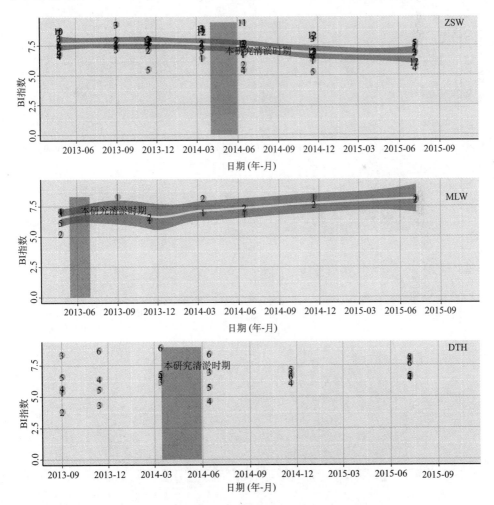

图 9-30　生态清淤工程实施前后 BI 指数变化情况

竺山湾生态清淤工程实施后各采样点 BPI 指数均有幅度大小不等的下降（图 9-31），根据表 9-2 的评判标准，上覆水水质由中等污染转为轻污染。清淤后 3 个月内在 2009 年实施清淤的 11 号采样点 BPI 指数基本没有变化，12 号采样点下降明显。在清淤后 1 年时，5 号采样点 BPI 指数有所回弹。梅梁湾 BPI 指数在生态清淤工程实施后有所上升，随着清淤工程实施后时间的推移，BPI 指数逐渐稳定在 0.6 左右，上覆水体水质基本处于中等污染水平。东太湖在生态清淤工程实施 3 个月后，BPI 指数没有明显变化，在生态清淤工程实施 6 个月和 12 个月清淤区和未清淤区采样点 BPI 指数基本一致，说明底栖动物群落基本恢复到清淤工程实施前的水平。在清淤工程实施一年后清淤区和未清淤区 BPI 指数有所降低，说明清淤后总体水质向好的趋势发展。

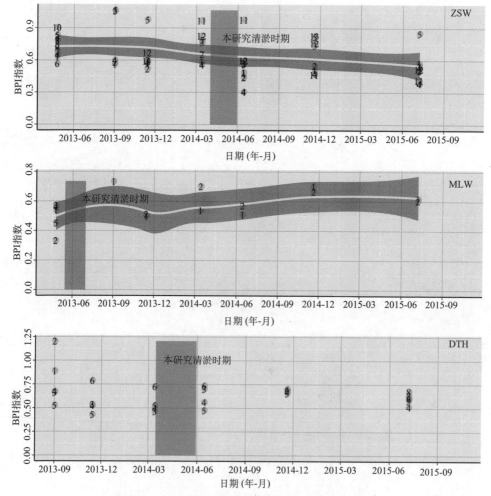

图 9-31　生态清淤工程实施前后 BPI 指数变化情况

9.3.3　生态清淤工程实施前后底栖动物种群数量变化分析

　　生态清淤工程实施除了对底栖动物种群组成有影响外,对某些底栖动物种类数量也可能发生显著影响,图 9-32～图 9-35 分别是生态清淤工程实施前后齿吻沙蚕、水丝蚓属、苏氏尾鳃蚓和铜锈环棱螺种群数量变化情况。梅梁湾湖区采样点生态清淤工程实施后齿吻沙蚕种群数量显著减少,清淤后 2 年时间内种群数量基本保持稳定。竺山湾水丝蚓属在生态清淤工程实施后有显著降低,但是 2009 年清淤区域的 11～13 号采样点的水丝蚓属种群数量比本次生态工程实施清淤区域多。梅梁湾生态清淤工程实施后水丝蚓属种群数量有增加到回落的过程,在恢复过程

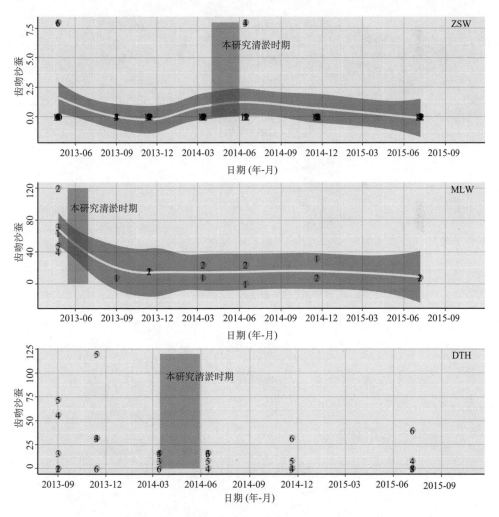

图 9-32　生态清淤工程实施前后齿吻沙蚕种群数量变化

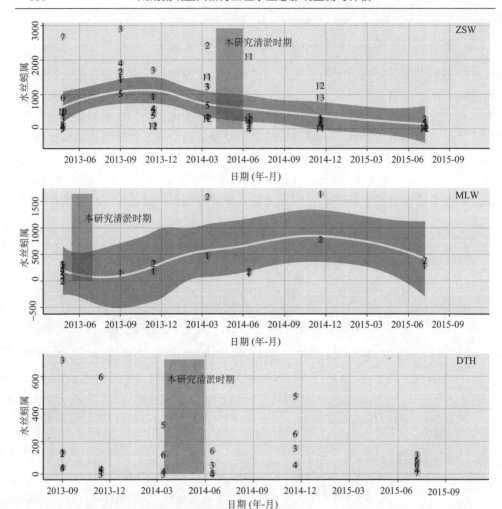

图 9-33　生态清淤工程实施前后水丝蚓属种群数量变化

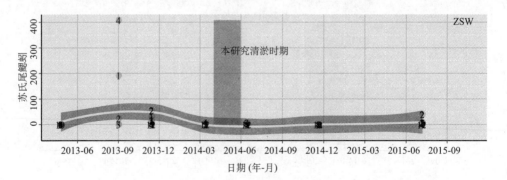

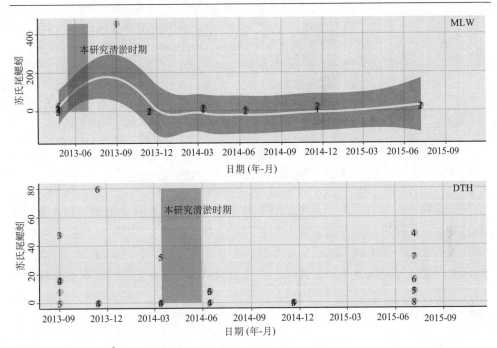

图 9-34　生态清淤工程实施前后苏氏尾鳃蚓种群数量变化

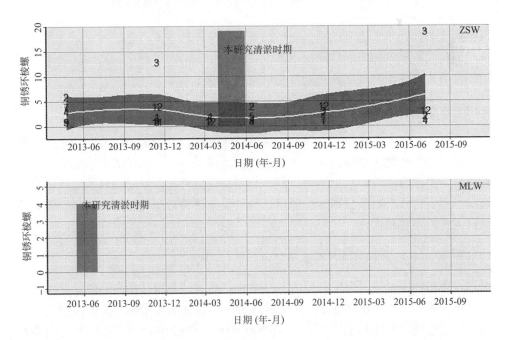

图 9-35　生态清淤工程实施前后铜锈环棱螺种群数量变化

中两个采样点之间差异明显。东太湖 5 号和 6 号采样点在生态清淤工程实施后 3 个月时水丝蚓属种群数量显著减少，在清淤工程实施后 6 个月时水丝蚓属种群数量又有所恢复。东太湖生态清淤 6 个月内后苏氏尾鳃蚓数量显著减少，在清淤一年后其数量又逐渐恢复至清淤前水平。竺山湾采样点在生态清淤工程实施前检测到苏氏尾鳃蚓，在清淤工程实施后几次采样中均未检测到。东太湖生态清淤工程实施后铜锈环棱螺数量有明显上升。

9.4　生态清淤工程实施前后水生植物评价

水生植物是水生态系统重要组成的部分，生态清淤工程是通过机械工程的方法将底泥直接从湖床表面移除出水体。在湖泊生态清淤过程中，将底泥清除出湖泊的同时，水生植物及其根系通常也被直接清除出水体。

9.4.1　水生植物群落监测方法

常见的湖泊水生植物群落评价方法包括水生植物的种类、单位面积水生植物生物量、水生植物盖度等。水生植物生物量监测采用一定面积的采草器采样或者设置样方潜水将样方内水生植物收割。利用采草器采样，主要收获湖泊底泥上部样品；设置样方潜水采样则过程烦琐，受气象条件等客观因素限制较多，需专门采样人员，不容易实现。

1. 钉耙半定量水生植物覆盖度评价方法

水生植物盖度可以采用钉耙的方法半定量估算，利用钉耙在湖泊底部拖动。对钉耙上不同的水生植物覆盖度进行分级计分，评估水生植物不同的覆盖度，此种方法主要适用于沉水植物。图 9-36～9-38 是东太湖利用钉耙覆盖度半定量评估水生植物植被覆盖度的示意图。记为 1 分的钉耙采样后的水生植物覆盖度在 1%～20%，记为 3 分的钉耙采样后水生植物覆盖度在 41%～60%，记为 5 分的钉耙采样后水生植物覆盖度为81%～100%。记为 2 分和 4 分的钉耙水生植物覆盖度分别介于 1 分与 3 分之间、3 分与 5 分之间。

图 9-36　记为 1 分的钉耙采样后水生植物覆盖情况

图 9-37　记为 3 分的钉耙采样后水生植物覆盖情况

图 9-38　记为 5 分的钉耙采样后水生植物覆盖情况

2. 船行 GPS 监测浮叶植物群落面积

在东太湖野外调查中发现，采样点尚未清淤时湖体底部基本被沉水植物覆盖，而水面上的浮叶植物呈簇状分布，因此可以利用手持 GPS 乘坐船只在浮叶水生植物群落周边航行，利用 GPS 航迹定量评价浮叶植物群落面积。图 9-39 为 2014 年秋季在东太湖调查得到的 4 号采样点附近的浮叶植物覆盖情况。浮叶植物群落以荇菜、马来眼子菜和野菱为主，采用 GPS 调查得到的 AQ1 面积为 5084m², AQ2 面积为 1261m², AQ3 面积为 11 565m², AQ4 面积为 5840m², AQ5 面积为 5322m²。图 9-40 为东太湖水面浮叶植物呈簇状分布情况。

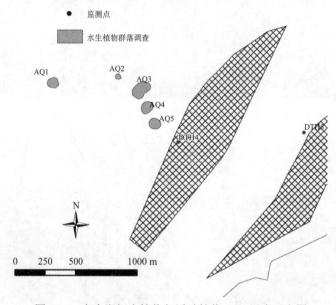

图 9-39　东太湖挺水植物与浮叶植物 GPS 调查示意图

图 9-40　东太湖浮叶植物群落分布情况

9.4.2　生态清淤工程实施前后水生植物变化分析

水生植物生长需要一定的光照和温度条件，竺山湾和梅梁湾属于重度污染区，从 20 世纪 80 年代开始由于受到水质恶化的影响，水生植物群落逐渐消亡。在生态清淤工程实施前后均未能监测得到水生植物。

东太湖水质相对较好，水体透明度较高，水生植物种类丰富，在生态清淤工程实施前监测得到沉水植物布满待清淤区域。2013 年 9 月在东太湖 5 个采样点共计采到 7 种水生植物（图 9-41），其中浮叶水生植物 2 种，分别为荇菜、菱；沉水水生植物 5 种，分别为马来眼子菜、苦草、金鱼藻、伊乐藻、轮叶黑藻。图 9-42 为 2013 年 9 月东太湖水生植物分布状况。东太湖 3 号采样点附近水生植物干物质生物量为 160g/m²，4 号采样点附近水生植物干物质生物量为 357.5g/m²，5 号采样点附近水生植物干物质生物量为 596g/m²，6 号采样点附近水生植物干物质生物量为 168g/m²。

生态清淤工程实施前东太湖水生植物群落分布情况如图 9-43 和图 9-44 所示，水深在 1.5m 左右，水生植物群落以沉水植物和浮叶植物为主，沉水植物基本布满湖床，浮叶植物呈簇状分布。

马来眼子菜

苦草

金鱼藻

伊乐藻

荇菜　　　　　　　　　　　　　　　菱

轮叶黑藻

图 9-41　东太湖主要水生植物（见彩图）

马来眼子菜、金鱼藻、轮叶黑藻、荇菜

马来眼子菜、金鱼藻、荇菜、菱

太湖清淤区域分布及
清淤时间

● 20130902采样点
2014

已清淤

2007
2008
2009
2010
2011

0 0.51　2 km

马来眼子菜、荇菜

马来眼子菜、荇菜、菱

马来眼子菜、金鱼藻、伊乐藻、苦草、荇菜

图 9-42　东太湖采样点水生植物分布状况（见彩图）

图 9-43   生态清淤工程实施前东太湖 4 号、5 号采样点附近水生植物分布

图 9-44   东太湖 3 号采样点水生植物分布情况

　　生态清淤工程实施后降低了湖床高程，清淤区域水深超过 2.0m。清淤工程实施时将底泥移除出水体的同时，水生植物根系、种子和植株也被清除。由于缺乏水生植物生长繁殖所必需的种子、孢子等种质资源，加之清淤工程实施后增加的水深影响水下光照条件以及相对坚硬光滑的湖床表面不利于水生植物根系附

着，因此在生态清淤工程实施 1 年后未见水生植被恢复（图 9-45 和图 9-46）。随着湖泊清淤区域和未清淤区域水体之间的水力交换加强，未清淤区域累积的底泥逐渐在水力作用下流动到清淤区域，随之而来的还有水生植物生长繁殖所需的种质资源，清淤区域和未清淤区域湖床之间的差异逐渐缩小，水生植物也会逐渐恢复。清淤区域的水生植物恢复过程和时间长短仍需进一步持续观测。

图 9-45　生态清淤工程实施 1 年后东太湖 4 号、5 号采样点湖面情况

图 9-46　生态清淤工程实施后东太湖 6 号采样点湖面情况
（无水生植物分布）

10 结论与建议

10.1 引水工程水生态影响监测与评估结论

本研究通过调研国内外引水生态工程水生态影响监测与评估方法，选取太湖流域"引江济太"望虞河-贡湖湾引水工程为研究对象，通过野外跟踪监测与室内模拟手段，对太湖流域引水工程的湖泊水生态效应进行了为期 4 年的跟踪监测与评估，在此基础上，构建了引水工程生态影响评估模式、程序以及评估指标体系，提出了太湖流域引水工程湖泊生态影响跟踪监测点位布设与优化方案，并据此研发了 2 套监测与评估软件：重大工程水生态影响监测站网规划软件（EcoStation V1.0）、重大工程水生态影响监测综合分析软件（EcoAnalysis V1.0）。研究成果为太湖流域水生态监控网络、技术方法体系及业务化运行模式建立提供科学和技术支撑。具体的研究结论如下所述。

1. 太湖流域引水工程水生态影响监测与评估技术方案

太湖流域引水工程水生态影响的监测与评估对于指导流域引水生态修复工程管理与建设意义重大，以往缺乏完善的引水工程水生态影响监测与评估规范，本研究在综合河湖水生态影响监测与评估方法的基础上，编制了太湖流域引水工程水生态影响监测与技术评估方案，包括引水工程河湖监测方案与湖泊水生态效应评估方案。引水工程河湖监测方案依据相关水文、水环境与水生态监测规范制定，包括引水工程河湖水生态影响监测点位布设、监测时间、样品采集、监测指标以及基于敏感监测指标的监测点位优化方法，重点是基于监测点位水体理化指标与浮游藻类群落指标聚类分析的监测点位优化方法，可结合监测水域实际水文、水生态特征，合理地进行监测点位的筛选与优化，弥补了河湖水生态影响监测点位布设技术的不足。

引水工程水生态影响评估技术方案在总结相关研究的基础上，确立了以单因子指数法与综合指数法相结合的评估模式，用以弥补目前单一评估方法研究的不足。单因子指数法包括对引水工程敏感的水质污染指数 S、藻类密度 AD、蓝藻门相对比例 RPC 和硅藻门相对比例 RPB 指标，从不同侧面评估引水工程对受水湖泊水质和浮游植物生产力、种群的影响。综合指数法从湖泊受引水活动影响后的结构完整性、适应性和效率角度出发，采用在系统生态学能质概念基础上构建的目标函数生态缓冲容量 β、水质综合污染指数（P）以及生物多样性指数 DI 多指标综合评价法，对太湖流域引水工程的湖泊水生态效应进行评估和分析。单因子指数法可直观反映引水工程对河湖水质以及生物种群的影响，综合指数法也有效弥补了单因子指数法的不同指标评估结果间的不一致的情况。

2. 太湖流域引水工程湖泊水生态影响监测点位优化

本研究通过主成分分析与均值比较，筛选出了以 TN、TP、NO$_3$-N、SiO$_3$-Si、COD$_{Mn}$、Chl a 以及 TOC 为代表的敏感理化指标，用以反映贡湖湾水域理化特征对望虞河引水的响应，其中 COD$_{Mn}$ 与 TOC 为有机污染代表性指标。

基于监测点位水体敏感理化指标与浮游藻类群落指标的聚类分析结果一致，从监测成本角度考虑，引水工程水生态效应的监测点位的优化可选取欧氏距离 4.0或相似性系数 40% 分类水平的优化结果，即以望虞河入湖口、湾心以及湾口为三个区域，每个区域选取 1 个代表性点位；如果考虑以上三个区域的具体情况，可选择欧氏距离 2.0 或相似性系数 60% 分类水平的优化结果，即在本研究的原始布点基础上，相邻监测点位选取 1 个代表性点位，即每 5km 距离间隔布设 1 个监测点位。监测点位优化还应综合考虑湖湾岸边带生态系统生物多样性的边际效应以及太湖不同季节风向的影响，不同季节选取监测分类区域中最具代表性的监测点位。

3. 太湖流域引水工程湖泊水生态效应评估

引水对贡湖湾水质影响最为明显的水域为望虞河入湖口，引水期贡湖湾从望虞河入湖口至贡湖湾湾口，氮磷营养盐浓度递减，而有机污染浓度呈现递增趋势。引水产生的湖泊流场使得贡湖湾西岸水体 TN、TP 以及 Chl a 含量通常高于湾心与东岸水域；望虞河来水水质综合污染指数均高于湖心区，且贡湖湾 P 值处于望虞河与湖心区 P 值之间，表明望虞河引水有加重贡湖湾水质污染风险的可能，但引水期贡湖湾水质综合污染指数的增加主要归因于望虞河来水氮磷营养盐的输入，且主要影响区域为望虞河入湖口水域。引水期示范区生态缓冲容量 β 的变化表明，引水对示范区不同水域的生态系统影响情况不同，夏、秋、冬季引水均能使示范区湾心与东岸的生态缓冲容量呈现负值，表明引水磷素的输入并未引起浮游藻类的及时响应，而示范区西岸带则相反。

夏、秋季引水能显著增加湖泊示范区的藻类多样性，夏季引水也可显著减小湖区蓝藻密度，秋、冬季节能明显增加湖区硅藻密度。贡湖湾示范区西岸湾口水域受风浪影响，夏季易堆积蓝藻水华，使得引水改善效果不明显。夏季引水会增加湖湾平裂藻、节旋藻以及颤藻的相对比例，微囊藻不再是优势种属；秋、冬季引水会显著促进硅藻中颗粒直链藻、小环藻的增殖，使之成为浮游藻类优势种属，引水期贡湖湾水域中小环藻与平裂藻成为优势类群，提示引江济太工程对受水湖区浮游藻类生境的改善效应。示范区水体浮游藻类多样性，蓝藻与硅藻的细胞密度、种群相对比例以及部分浮游藻类功能群是对引水工程响应敏感的浮游藻类群落指标。

太湖不同季节浮游藻类密度、群落演替与水环境参数间存在明显的定量耦联关系，望虞河引水对贡湖湾水体 pH、硅酸盐、高锰酸盐指数的影响是浮游藻类种群密度与群落结构变化的主导环境因素，引水引起的受水湖区硅酸盐浓度增加以及有机污染浓度降低是引水期贡湖湾水域微囊藻密度降低、硅藻密度增加的主要原因。

4. 基于生态适宜的引水工程调度方式

望虞河引水入湖对贡湖湾浮游藻类群落的影响具有时效性，长时间引水并不一定能产生最优的生态效益。现状条件下，长时间的引水会导致贡湖湾的望虞河入湖口水域氮、磷含量显著升高，且有向贡湖湾湾口推移的趋势。同时，望虞河引水入湖流量也与引水效果密切相关，根据本研究结果，望虞河引水入湖流量高于 $100\text{m}^3/\text{s}$ 时，引水 10 天后蓝藻密度显著增加。因此，基于引水工程的生态和经济效益，望虞河可采用间歇式的引水调度方式，在维持现状引水流量的情况下，保持不低于 $100\text{m}^3/\text{s}$ 的引水流量，短期内可快速改善湖区浮游藻类群落结构及其生境。

同时，由于春末夏初通常是太湖微囊藻复苏且开始占据群落优势的时节，而长江水体中硅藻为优势藻类类群，在该时节适当引水入湖活动可有助于带走湖湾微囊藻藻源，促进硅藻增殖。因此，在满足防洪要求的前提下，可适当增加春末夏初与夏季望虞河的引水活动次数，提高太湖蓄水量。同时，秋冬季河流水质较差，控制秋、冬季引水入湖水量和频次，可更好地改善贡湖湾乃至整个太湖的水生态状况。

10.2 清淤工程水生态影响监测与评估结论

生态清淤工程作为重要的生态修复措施得到许多应用，由于生态清淤工程耗费的人力物力成本高，投资巨大，且存在工程施工以及后续底泥尾水处置等问题，对于是否采用清淤方法修复水体有很大争议。生态清淤工程是通过高精度定位，精确地将受污染薄层底泥清除出水体。工程实施过程中对水体产生扰动，破坏了原始湖床，干扰了水生态系统，如何实施监控和评估生态清淤工程对于水生态的影响成为人们关注的焦点。江苏省和沿太湖地区根据《太湖流域水环境综合治理总体方案》总体任务安排，从 2008 年开始实施的竺山湾、梅梁湾和东太湖生态清淤工程，截至 2014 年已经基本完成，与此同时在东太湖吴江区水源地和备用水源地也实施了生态清淤工程。本研究选择竺山湾、梅梁湾和东太湖作为代表性研究区域，通过 3 年多对生态清淤工程实施前后水体水质、大型底栖无脊椎动物和水生植物群落变化的监测，研究了采样点点位布设、监测时间和频率、评价指标选择的原则和方法，并对研究区域生态清淤工程实施对水生态的影响进行了评价。主要结论如下所述：

（1）太湖生态清淤工程从 2008 年开始大规模实施，截至 2014 年已经基本完成。生态清淤工程实施区域主要为竺山湾、梅梁湾重污染湖区，东太湖沼泽化严重湖区以及吴江区水源地等湖区。生态清淤工程实施方式采用的是环保绞吸式施工方法。

（2）以竺山湾和梅梁湾生态清淤工程实施前采样点为例，提出了生态清淤工程水生态影响监控点位布设方案。在开始生态影响监控时，宜布置较多监测点位，以底泥理化性质和底栖动物组成数据为基础，利用聚类统计分析方法优化监控点位。经过优化后，竺山湾生态清淤工程水生态影响监控点位设置为 5 个，梅梁湾生态清淤工程水生态影响监控点位设置为 2 个。

（3）以太湖 15 个采样点底栖动物数据为基础，利用聚类分析方法比较不同采样季节之间的相关关系，结合文献中底栖动物时间变化特征分析，在目前太湖水质尚未完全恢复时期，底栖动物群落仍以耐污能力强的寡毛类、摇蚊幼虫、河蚬以及铜锈环棱螺为主，在当前太湖水体综合治理仍以污染物控制为主要任务的阶段内，生态清淤工程的水生态影响底栖动物例行监测建议全年监测 2 次即可，但是需要开展长期观测。

（4）比较了生态清淤前后底泥理化性状和底栖动物群落变化，从 5 个底泥理化性状指标和 6 大类 34 个底栖动物候选生物学指数中筛选全氮、有效磷、有机质含量作为生态清淤工程实施底泥理化性状评价指标。选定寡毛纲密度（Wright 指数）、香农-维纳多样性指数、BI 指数、BPI 指数 4 个指数作为生态清淤工程实施前后底栖动物的评价指标。生态清淤工程实施前后雕翅摇蚊属、环足摇蚊属、水丝蚓属、苏氏尾鳃蚓、泽蛭属和齿吻沙蚕 6 种耐污型底栖动物种群数量有较明显变化。

（5）竺山湾生态清淤工程实施区域地表水总氮浓度呈季节性周期变化，平均浓度维持在 5mg/L；氨氮浓度从 2006 年的 2.5mg/L 开始有持续下降趋势，总磷平均浓度基本没有变化。高锰酸盐指数和 BOD_5 含量从生态清淤工程开始实施到 2010 年呈缓慢下降趋势后基本没有变化。梅梁湾生态清淤工程实施区域地表水总氮浓度从 2006 年清淤前的近 7.5mg/L 到 2010 年的 2.5mg/L 呈持续下降趋势，氨氮浓度从 2006 年清淤前的 4.0mg/L 到 2009 年的不足 0.5mg/L，总磷浓度从 2006 年至 2010 年也有明显的下降，高锰酸盐指数和 BOD_5 含量下降趋势不明显。东太湖庙港水源地附近地表水总氮浓度从 2006 年生态清淤工程实施前的 8mg/L，呈下降趋势至 2015 年的 1mg/L；氨氮浓度从 2006 年的 5.0mg/L 至 2010 年的不足 0.5mg/L 呈明显下降趋势，在此之后基本保持不变趋势；总磷浓度从 2006 年的 0.2mg/L 至 2010 年的不足 0.1mg/L，之后基本保持不变。竺山湾水下光强衰减一般在 0.25~0.5m，梅梁湾水下光强衰减到零值一般在 0.75~1.0m，水下光强衰减一般在 0.5~1.0m。底泥含水率在 45%~60%，清淤前后底泥含水率没有明显变化。水体水质营养物质含量降低是包括实施生态清淤工程、污水处理率提高、农业非点源污染控制、湖滨带修复在内的多种综合污染控制措施作用的结果。

（6）生态清淤工程实施后，竺山湾、梅梁湾和东太湖表层底泥全氮含量均有明显下降，降幅达 40%；表层底泥全磷、有效磷含量变化不明显，甚至有小幅上升。底泥氮磷含量垂直分布特征和绞吸式生态清淤施工方法是造成生态清淤工程实施前后差异的主要原因。

（7）研究期间共检测到 3 门（软体动物门、环节动物门和节肢动物门）7 纲（腹足纲、瓣鳃纲、寡毛纲、多毛纲、蛭纲、昆虫纲、甲壳纲）44 属、种的大型底栖无脊椎动物。竺山湾生态清淤工程实施后 3 个月时，寡毛纲动物密度（也称为 Wright 指数）明显下降，12 个月后基本保持稳定；梅梁湾生态清淤工程实施 18 个月内有短暂上升趋势，在此之后又恢复至清淤前水平。东太湖寡毛纲动物密度显著低于竺山湾和梅梁湾。竺山湾底栖动物香农-维纳多样性指数在生态清淤工程实施 3 个月时略有下降，在工程实施 15 个月后上升至工程实施前。梅梁湾底栖动物香农-维纳多样性指数在生态清淤工程实施后 3 个月时有明显下降，12 个月后恢复到清淤前水平，在此之后保持平稳。东太湖在生态清淤工程实施 6 个月时，香农-维纳多样性指数高于清淤工程实施前，12 个月时恢复到清淤前水平。生态清淤工程实施前后底栖动物 Margalef 指数变化和香农-维纳多样性指数相类似。利用 BI、BPI 指数，评价水体污染分级标准，竺山湾生态清淤工程实施后，水体水质由"较差"转变为"一般"，梅梁湾和东太湖水体水质基本不变，保持为"一般"。生态清淤工程实施后梅梁湾齿吻沙蚕数量在 3 个月内有明显下降，在此之后基本保持稳定。生态清淤工程实施后竺山湾水丝蚓属数量明显下降。水丝蚓属和苏氏尾鳃蚓在实施生态清淤工程后 3 个月内有明显下降，在工程实施后 6 个月时逐渐恢复，12 个月之后恢复到清淤前水平。将待清淤区域分期分段交替实施有利于不同区域相互作为底栖动物物种来源，有利于底栖动物种群快速恢复。

（8）在竺山湾和梅梁湾研究区域，生态清淤工程实施前后均未观测到水生植物。提出采用钉耙半定量评价水生植物覆盖度和船行 GPS 监测浮叶植物群落面积的方法。东太湖生态清淤工程实施前区域水生植物种类有荇菜、菱等浮叶植物和马来眼子菜、苦草、金鱼藻、伊乐藻、轮叶黑藻等沉水植物，东太湖生态清淤工程实施前 3 号采样点附近水生植物干物质生物量为 160g/m²，4 号采样点附近水生植物干物质生物量为 $357.5g/m^2$，5 号采样点附近水生植物干物质生物量为 $596g/m^2$，6 号采样点附近水生植物干物质生物量为 $168g/m^2$。生态清淤工程实施后 12 个月后，东太湖清淤区域未调查得到水生植被，建议进一步延长水生植物恢复情况观测时期。

10.3　引水工程水生态影响监测与评估建议

引水工程对太湖水文、水化学以及水生生物都可能产生影响，本书仅关注引江济太影响下的太湖水化学环境与浮游藻类群落间的关联，并未考虑诸如湖泊水位、水动力以及浮游动物捕食等因素对浮游藻类群落的影响，这些因素对浮游藻类的生长与群落演替也可能有重要影响，后续研究可针对这些因素开展更为综合、系统的研究，以全面揭示引江济太影响太湖浮游藻类及其生境的机制。

作为常态化运行的水利工程，引江济太对太湖的长期水生态效应值得关注。目前并无针对长期运行的引江济太工程对太湖水生态环境影响的评估研究，难以准确判定引江济太运行以来的生态效益。借助太湖水生态历史资料，可客观评估引江济太的湖泊生态效应，为采用引水调控手段治理富营养化湖泊提供理论依据。

引江济太工程目前的引水调度准则主要基于水资源和防洪需求，仅仅兼顾太湖水生态需求。因此有必要从引江济太工程湖泊水生态效应角度开展一系列研究，重点关注引江济太引水流量与引水时间对太湖水生态的影响，定量建立引水要素与受水湖泊水生态要素间的耦联关系，确立现行望虞河来水条件下引江济太的最优引水流量和引水时间，从水生态需求角度为引江济太的科学合理调度提供技术指导。

引江济太改善太湖及流域水环境与水生态的根本在于所引入水源的水质，目前并无综合考虑太湖水生态效应与望虞河实际纳污情况的望虞河污染改善目标，后续可对此开展系列研究，为制定望虞河及类似河流的污染改善目标提供理论依据。

10.4　清淤工程水生态影响监测与评估建议

本研究通过 3 年时间对比研究了研究区域的水体水质、表层底泥营养物质含量、底栖动物群落组成、水生植物盖度等水生态因子在生态清淤工程实施前后的影响，取得了生态清淤工程的水生态系统影响监控和影响评价的初步认识。由于水生态系统演变机理具有复杂性和长期性，生态清淤工程是通过对湖床表面干扰实现水生态修复目的，底栖动物和水生植物对于湖床表面干扰行为的响应并不能完全在 1～2 年内显现，例如，东太湖生态清淤工程完成 1 年多，监控区域水生植物仍未观测得到。因此，为了获得生态清淤工程的水生态影响长期效应，需要继续开展长期定位监控。

随着对水体保护力度加强，对生态清淤工程施工的要求也逐渐提高。太湖已经实施的生态清淤工程设备主要是绞吸式挖泥船，此类设备通过加装防护罩显著提高了防止生态清淤时底泥扩散的能力，但是工程施工时在绞吸头作用下表层富含磷素的浮泥和流泥扩散无法完全被清除出水体的现象仍然不能忽视。国内外清淤设备制造商针对此问题已经提出改进方案，建议在以后的工作中，针对不同的清淤设备开展水生态影响监控和评价比较研究。

参 考 文 献

安国庆, 贾良清, 李堃. 2009. 引江济巢调水试验对巢湖湖水水质影响分析. 国土与自然资源研究, (1): 47-48.

白晓华, 胡维平, 胡志新, 等. 2005. 2004 年夏季太湖梅梁湾席状漂浮水华风力漂移入湾量计算. 环境科学, 26(6): 57-60.

白秀玲, 谷孝鸿, 何俊. 2009. 太湖环棱螺(*Bellamya* sp.)及其与沉水植物的相互作用. 生态学报, 29(2): 1032-1037.

蔡永久, 龚志军, 秦伯强. 2010. 太湖大型底栖动物群落结构及多样性. 生物多样性, 18(1): 50-59.

曹艳霞, 张杰, 蔡德所, 等. 2010. 应用底栖无脊椎动物完整性指数评价漓江水系健康状况. 水资源保护, 26(2): 13-17, 23.

曹正光, 蒋忻坡. 1998. 几种环境因子对梨形环棱螺的影响. 上海水产大学学报, 7(3): 200-205.

陈博, 李卫明, 陈求稳, 等. 2014. 夏季漓江不同底质类型和沉水植物对底栖动物分布的影响. 环境科学学报, (7): 1758-1765.

陈昌才, 王化可, 唐红兵, 等. 2011. 生态调水对巢湖水环境的改善效果研究. 安徽农业科学, 39(17): 10387-10390.

陈荷生, 张永健, 蒋英姿, 等. 2008. 太湖重污染底泥的生态疏浚//首届河海沿岸生态保护与环境治理、河道清淤工程技术交流研讨会论文集.

陈建中, 刘志礼, 李晓明, 等. 2010. 温度、pH 和氮、磷含量对铜绿微囊藻(*Microcystis aeruginosa*)生长的影响. 海洋与湖沼, 41(5): 714-718.

陈静. 2005. 引江济太水量水质联合调度研究. 南京: 河海大学.

陈桥, 徐东炯, 张翔, 等. 2013. 太湖流域平原水网区底栖动物完整性健康评价. 环境科学研究, 26(12): 1301-1308.

陈伟民, 黄祥飞, 周万平, 等. 2005. 湖泊生态系统观测方法. 北京: 中国环境科学出版社.

陈文江, 谭炳卿, 吕友保. 2012. 巢湖生态调水对鱼类资源的影响分析. 合肥工业大学学报 (自然科学版), 35(12): 1681-1685.

陈宇炜, 陈开宁, 胡耀辉. 2006. 浮游植物叶绿素 a 测定的"热乙醇法"及其测定误差的探讨. 湖泊科学, 18: 550-552.

陈云进. 2009. 牛栏江-滇池补水工程流域水污染主要来源初探. 环境科学导刊, 28: 47-51.

褚克坚, 阚丽景, 华祖林. 2014. 平原河网地区河流水生态评价指标体系构建及应用. 水力发电学报, 33: 138-144.

崔彦萍, 王保栋, 陈求稳, 等. 2013. 三峡水库三期蓄水前后长江口硅酸盐分布及其比值变化. 环境科学学报, 33(7): 1974-1979.

戴玄吏, 汤佳峰, 章霖之. 2010. "湖泛"恶臭物质分析及来源浅析. 环境监控与预警, 2: 39-41.

丁建华, 周立志, 邓道贵, 等. 2013. 淮河干流软体动物群落结构及其与环境因子的关系. 水生生物学报, 37(2): 367-375.

丁玲, 逄勇, 李凌, 等. 2005. 水动力条件下藻类动态模拟. 生态学报, (8): 1863-1868.

丁文铎, 孙燕. 2006. 环境水生态修复的概念、特点及其应用. 北京水务, (1): 46-60.

丁艳青. 2012. 太湖动力扰动对内源释放及藻类生长的影响. 北京: 中国科学院研究生院.

董静. 2014. 云南高原湖泊浮游藻类功能群变化及影响因子. 北京: 中国科学院大学.

董静, 李根保, 宋立荣. 2014. 抚仙湖、洱海、滇池浮游藻类功能群 1960s 以来演变特征. 湖泊科学, 26(5): 735-742.

段学花, 王兆印, 徐梦珍. 2010. 底栖动物与河流生态评价. 北京: 清华大学出版社.

范成新, 袁静秀, 叶祖德. 1995. 太湖水体有机污染与主要环境因子的响应. 海洋与湖沼, 26: 13-20.

范成新, 张路, 王建军, 等. 2004. 湖泊底泥疏浚对内源释放影响的过程与机理. 科学通报, 49(15): 1523-1528.

房玲娣, 朱威. 2011. 太湖污染底泥生态疏浚规划研究. 南京: 河海大学出版社.

冯胜, 高光, 秦伯强, 等. 2006. 太湖北部湖区水体中浮游细菌的动态变化. 湖泊科学, 18: 636-642.

冯天翼, 宋超, 陈家长. 2011. 水生藻类的环境指示作用. 中国农学通报, 27(32): 1060-1066.

高玉荣. 1992. 北京四海浮游藻类叶绿素含量与水体营养水平的研究. 水生生物学报, 16(3): 237-244.

耿世伟, 渠晓东, 张远, 等. 2012. 大型底栖动物生物评价指数比较与应用. 环境科学, 33(7): 2281-2287.

顾婷婷, 孔繁翔, 谭啸, 等. 2011. 越冬和复苏时期太湖水体蓝藻群落结构的时空变化. 生态学报, 31: 21-30.

顾晓英, 陶磊, 尤仲杰, 等. 2010. 象山港大型底栖动物群落特征. 海洋与湖沼, (2): 208-213.

郭鹏程, 蔡明, 闫大鹏. 2013. 基于 EFDC 示踪模拟的人工湖调水规模分析. 水资源与水工程学报, 24: 223-225.

郭先武. 1995. 武汉南湖三种摇蚊幼虫生物学特性及其种群变动的研究. 湖泊科学, 7(3): 249-255.

郭志明, 贺光忠, 李月英. 2006. 双波长紫外分光光度法测定水中硝酸盐氮方法的改进. 中国卫生检验杂志, 16(11): 1313-1314.

郝文彬, 唐春燕, 滑磊, 等. 2012. 引江济太调水工程对太湖水动力的调控效果. 河海大学学报(自然科学版), 40: 129-133.

胡鸿钧, 魏印心. 2006. 中国淡水藻类——系统、分类及生态. 北京: 科学出版社.

胡兰群. 2013. 南水北调中线水源区水体营养状态评价. 安徽农业科学, (12): 5515-5517.

胡志新. 2005. 太湖湖泊生态系统健康评价研究. 南京: 中国科学院南京地理与湖泊研究所.

胡志新, 胡维平, 陈永根, 等. 2005. 太湖不同湖区生态系统健康评价方法研究. 农村生态环境, 21(4): 28-32.

华祖林, 顾莉, 薛欢, 等. 2008. 基于改善水质的浅水湖泊引调水模式的评价指标. 湖泊科学, 20(5): 623-629.

黄祥飞. 2000. 湖泊生态调查观测与分析. 北京: 中国标准出版社.

黄永东, 肖贤明, 徐显干, 等. 2005. TOC 作为饮用水水质指标的探讨. 净水技术, 24(3): 48-51.

黄钰铃, 纪道斌, 陈明曦, 等. 2008. 水体 pH 对蓝藻水华生消的影响. 人民长江, 39(2): 63-65.

江源, 彭秋志, 廖剑宇, 等. 2013. 浮游藻类与河流生境关系研究进展与展望. 资源科学, 35(3): 461-472.

姜霞, 石志芳, 刘锋, 等. 2010. 疏浚对梅梁湾表层沉积物重金属赋存形态及其生物毒性的影响. 环境科学研究, 23(9): 1151-1157.

姜宇. 2013. 引江济太对太湖水源地水质及藻类影响研究. 上海: 复旦大学.

金阿枫. 2006. 引水对长春南湖理化性质及浮游生物群落时空分布的影响. 长春: 东北师范大学.

金洪钧, 孙丽伟. 1992. 实验室水生微宇宙的组建和基本生态学过程. 南京大学学报(自然科学版), 28(1): 98-106.

金相灿, 屠清瑛. 1990. 湖泊富营养化调查规范.2 版. 北京: 中国环境科学出版社.

金相灿, 朱萱. 1991. 我国主要湖泊和水库水体的营养特征及其变化. 环境科学研究, 4(1): 11-20.

况琪军, 夏宜琤. 1992. 太平湖水库的浮游藻类与营养型评价. 应用生态学报, 3(2): 165-168.

赖江山. 2014. 数量生态学: R 语言的应用. 北京: 高等教育出版社.

李冰, 杨桂山, 万荣荣. 2014. 湖泊生态系统健康评价方法研究进展. 水利水电科技进展, 34(6): 98-106.

李大勇, 王济干, 董增川. 2011. 引江调水改善太湖贡湖湾的水环境效应. 水力发电学报, 30: 132-138.

李娣, 李旭文, 牛志春, 等. 2014. 太湖浮游植物群落结构及其与水质指标间的关系. 生态环境学报, 23(11): 1814-1820.

李发荣, 李晓铭, 黄俊, 等. 2014. 牛栏江调水对滇池湖泊水质影响的分析研究//2014 中国环境科学学会学术年会(第四章).

李共国, 吴芝瑛, 虞左明. 2007. 引水和疏浚工程对杭州西湖轮虫群落结构的影响. 水生生物学报, 31(3): 386-392.

李灵芝, 周云, 王占生. 2002. 饮用水深度处理工艺对有机污染物的去除效果. 中国环境科学, 22: 542-545.

李强, 杨莲芳, 吴璟, 等. 2006. 西苕溪 EPT 昆虫群落分布与环境因子的典范对应分析. 生态学报, 26(11): 3817-3825.

李婉, 张娜, 吴芳芳. 2011. 北京转河河岸带生态修复对河流水质的影响. 环境科学, 32(1): 80-87.

李香华, 胡维平, 翟淑华, 等. 2005. 引江济太对太湖水体碱性磷酸酶活性的影响. 水利学报, 36: 478-483.

李雅娟, 王起华. 1998. 氮、磷、铁、硅营养盐对底栖硅藻生长速率的影响. 大连海洋大学学报, 13(4): 7-14.

李艳, 蔡永久, 秦伯强, 等. 2012. 太湖霍甫水丝蚓(*Limnodrilus hoffmeisteri* Claparède)的时空格局. 湖泊科学, 24(3): 450-459.

李一平, 逄勇, 刘兴平, 等. 2008. 太湖波浪数值模拟. 湖泊科学, 20(1): 117-122.

梁恒, 陈忠林, 瞿芳术, 等. 2010. 微宇宙环境下藻类生长与理化因子回归研究. 哈尔滨工业大学学报, 42(6): 841-844.

刘德启, 李敏, 朱成文, 等. 2005. 模拟太湖底泥疏浚对氮磷营养物释放过程的影响研究. 农业环境科学学报, 24(3): 521-525.

刘东晓, 于海燕, 刘朔孺, 等. 2012. 城镇化对钱塘江中游支流水质和底栖动物群落结构的影响. 应用生态学报, 23(5): 1370-1376.

刘国锋, 刘海琴, 张志勇, 等. 2010a. 大水面放养凤眼莲对底栖动物群落结构及其生物量的影响. 环境科学, 31(12): 2925-2931.

刘国锋, 张志勇, 刘海琴, 等. 2010b. 底泥疏浚对竺山湖底栖生物群落结构变化及水质影响. 环境科学, 31(11): 2645-2651.

刘书宇, 马放, 张建祺. 2007. 景观水体富营养化模拟过程中藻类演替及多样性指数研究. 环境科学学报, 27: 337-341.

刘文杰, 宋立荣, 许璞, 等. 2012. 引水对尚湖浮游植物群落结构和营养盐浓度的影响. 水生态学杂志, 33: 37-41.

龙天渝, 李祥华, 吴磊. 2010. 灰色关联分析水位下降对藻类生长的影响. 重庆环境科学, 32(3): 8-10.

卢东琪, 张勇, 蔡德所, 等. 2013. 基于干扰梯度的钦江流域底栖动物完整性指数候选参数筛选. 环境科学, 34(1): 137-144.

卢慧, 宁亚伟, 袁永龄. 2013. 基于 EFDC 模型的人工湖生态换水优化计算. 水电能源科学, 31: 100-103.

陆桂华, 马倩. 2009. 太湖水域"湖泛"及其成因研究. 水科学进展, 20(3): 438-442.

陆桂华, 张建华, 马倩. 2012. 太湖生态清淤及调水引流. 北京: 科学出版社.

路娜, 胡维平, 邓建才, 等. 2010. 引江济太对太湖水体碱性磷酸酶动力学参数的影响. 水科学进展, 21: 413-420.

吕学研. 2013. 调水引流对太湖富营养化优势藻的生长影响研究. 南京: 南京水利科学研究院.

马玖兰. 1996. 西湖引流钱塘江水 9 年后的水质分析. 环境污染与防治, 18: 31-33.

马倩, 田威, 吴朝明. 2014. 望虞河引长江水入太湖水体的总磷、总氮分析. 湖泊科学, 26: 207-212.

马陶武, 黄清辉, 王海, 等. 2008. 太湖水质评价中底栖动物综合生物指数的筛选及生物基准的确立. 生态学报, 28(3): 1192-1200.

马祖友, 储昭升, 胡小贞, 等. 2005. 不同磷质量浓度体系中 pH 变化对铜绿微囊藻和四尾栅藻竞争的影响. 环境科学研究, 18(5): 30-33.

莫美仙, 张世涛, 叶许春, 等. 2007. 云南高原湖泊滇池和星云湖 pH 特征及其影响因素分析. 农业环境科学学报, 26: 269-273.

潘晓雪, 马迎群, 秦延文, 等. 2015. "引江济太"过程中长江-望虞河-贡湖氮、磷输入特征研究. 环境科学, 36: 2800-2808.

濮培民, 李裕红, 张晋芳, 等. 2012. 用生态修复调控浮游植物种群局部控制富营养化——以贵州红枫湖水质生态修复工程为例. 湖泊科学, 24(4): 503-512.

濮培民, 王国祥, 胡春华, 等. 2000. 底泥疏浚能控制湖泊富营养化吗? 湖泊科学, 12(3): 269-279.

濮培民, 王国祥, 李正魁, 等. 2001. 健康水生态系统的退化及其修复——理论、技术及应用. 湖泊科学, 13(3): 193-203.

齐代华, 王力, 钟章成. 2006. 九寨沟水生植物群落 β 多样性特征研究. 水生生物学报, 30(4):

446-452.

齐悦. 2011. 大型水库生态效应研究. 长春: 吉林大学.

覃宝利. 2014. 温度波动对太湖春季优势浮游藻类生长及生理特征的影响. 南京: 南京师范大学.

秦伯强. 2009. 太湖生态与环境若干问题的研究进展及其展望. 湖泊科学, 21: 445-455.

秦伯强. 2002. 长江中下游湖泊富营养化发生机制与控制对策初探. 湖泊科学, 14: 193-202.

秦伯强, 胡维平, 陈伟民, 等. 2000. 太湖梅梁湾水动力及相关过程的研究. 湖泊科学, 12: 327-334.

秦伯强, 胡维平, 刘正文, 等. 2006. 太湖梅梁湾水源地通过生态修复净化水质的试验. 中国水利, (17): 23-29.

秦伯强, 胡维平, 刘正文, 等. 2007. 太湖水源地水质净化的生态工程试验研究. 环境科学学报, 27(1): 5-12.

秦春燕. 2013. 长江三角洲淡水底栖动物耐污值修订和 BI 指数水质评价分级研究. 南京: 南京农业大学.

秦春燕, 张勇, 于海燕, 等. 2013. 不同类群水生昆虫群落间的一致性以及空间和环境因子的相对作用. 生物多样性, 21(3): 326-333.

渠晓东, 刘志刚, 张远. 2012. 标准化方法筛选参照点构建大型底栖动物生物完整性指数. 生态学报, 32(15): 4661-4672.

邵卫伟, 张勇, 于海燕, 等. 2012. 不同土地利用对溪流大型底栖无脊椎动物群落的影响. 环境监测管理与技术, 24(3): 18-23.

沈爱春. 2002. 望虞河引江对太湖的影响研究. 水资源保护, 1: 29-32.

沈忱, 刘茂松, 徐驰, 等. 2012. 太湖湖滨生态修复区大型底栖动物群落结构及梯度分布. 生态学杂志, 31(5): 1186-1193.

沈佩君, 邵东国, 郭元裕. 1995. 国内外跨流域调水工程建设的现状与前景. 武汉水利电力大学学报, (5): 463-469.

沈亦龙. 2005. 太湖五里湖清淤效果初步分析. 水利水电工程设计, 24(2): 23-25, 38.

沈韫芬, 蔡庆华. 2003. 淡水生态系统中的复杂性问题. 中国科学院研究生院学报, 20(2): 131-138.

石晓丹, 阮晓红, 邢雅囡, 等. 2008. 苏州平原河网区浅水湖泊冬夏季浮游植物群落与环境因子的典范对应分析. 环境科学, 29(11): 2999-3008.

《水和废水监测分析方法》编委会. 2002. 水和废水监测分析方法. 北京: 中国环境科学出版社.

水利部太湖流域管理局. 2013. 引江济太 2013 年年报.

水利部太湖流域管理局. 2014. 引江济太 2014 年年报.

司春棣. 2007. 引水工程安全保障体系研究. 天津: 天津大学.

宋保军, 孟新立, 张艳丽, 等. 2009. 紫外分光光度法测定水中高锰酸盐指数. 中国计量, (10): 82-83.

宋慧婷. 2007. 武汉城市湖泊水系中有机污染物的分布特征研究. 北京: 中国科学院水生生物研究所.

宋晓飞. 2014. 铁和硅对硅藻的耦合作用研究. 北京: 中国科学院大学.

苏玉, 文航, 王东伟, 等. 2011. 太湖武进港区域浮游植物群落特征及其主要水质污染影响因子分析. 环境科学, 32(7): 1945-1951.

孙军, 刘东艳. 2004. 多样性指数在海洋浮游植物研究中的应用. 海洋学报(中文版), 26(1): 62-75.

孙凌, 金相灿, 杨威, 等. 2007. 硅酸盐影响浮游藻类群落结构的围隔试验研究. 环境科学, 28(10): 2174-2179.

孙亚乔, 窦琳, 段磊, 等. 2014. 调水后受水区水环境的演化及重金属污染评价. 南水北调与水利科技, 12: 51-56.

汤峰, 钱益群. 2001. 巢湖水总有机碳(TOC)-高锰酸钾指数(COD$_{Mn}$)相关性研究. 重庆环境科学, 23: 64-66.

唐承佳. 2010. 太湖贡湖湾水源地微囊藻毒素和含硫衍生污染物研究. 上海: 华东师范大学: 21-34.

陶磊. 2010. 象山港大型底栖动物生态学研究. 宁波: 宁波大学.

田丰, 钱新, 陈众. 2012. 调水对巢湖浮游植物群落演替模式的影响. 中国环境科学, 32(12): 2224-2229.

屠清瑛, 章永泰, 杨贤智. 2004. 北京什刹海生态修复试验工程. 湖泊科学, 16(1): 61-67.

王备新. 2003. 大型底栖无脊椎动物水质生物评价研究. 南京: 南京农业大学.

王备新, 杨莲芳. 2001. 大型底栖无脊椎动物水质快速生物评价的研究进展. 南京农业大学学报, 24(4): 107-111.

王备新, 杨莲芳. 2003. 用河流生物指数评价秦淮河上游水质的研究. 生态学报, 23(10): 2082-2091.

王备新, 徐东炯, 杨莲芳, 等. 2007. 常州地区太湖流域上游水系大型底栖无脊椎动物群落结构特征及其与环境的关系. 生态与农村环境学报, 23(2): 47-51.

王备新, 杨莲芳, 胡本进, 等. 2005. 应用底栖动物完整性指数 B-IBI 评价溪流健康. 生态学报, 25(6): 1481-1490.

王备新, 杨莲芳, 刘正文. 2006. 生物完整性指数与水生态系统健康评价. 生态学杂志, 25(6): 707-710.

王国祥, 成小英, 濮培民. 2002. 湖泊藻型富营养化控制——技术、理论及应用. 湖泊科学, 14: 273-282.

王华光, 刘碧波, 李小平, 等. 2012. 滇池新运粮河水质季节变化及河岸带生态修复的影响. 湖泊科学, 24(3): 334-340.

王丽卿, 吴亮, 张瑞雷, 等. 2012. 淀湖底栖动物群落的时空变化及水质生物学评价. 生态学杂志, 31(8): 1990-1996.

王利利. 2006. 水动力条件下藻类生长相关影响因素研究. 重庆: 重庆大学.

王敏, 唐景春, 朱文英, 等. 2012. 大沽排污河生态修复河道水质综合评价及生物毒性影响. 生态学报, 32(14): 4535-4543.

王水, 胡开明, 周家艳. 2014. 望虞河引清调水改善太湖水环境定量分析. 长江流域资源与环境, 23: 1035-1040.

王苏民, 窦鸿身. 1998. 中国湖泊志. 北京: 科学出版社.

王苏民, 薛滨, 沈吉, 等. 2009. 我国湖泊环境演变及其成因机制研究现状. 高校地质学报, 15(2): 141-148.

王伟, 王冰, 何旭颖, 等. 2013. 太子河鱼类群落结构空间分布特征. 环境科学研究, (5): 494-501.

王小雨. 2008. 底泥疏浚和引水工程对小型浅水城市富营养化湖泊的生态效应. 长春: 东北师范大学.

王云中, 杨成建, 陈兴都, 等. 2011. 不同水动力条件对景观水体富营养化模拟过程中藻类演替的影响. 环境监测管理与技术, 23(2): 23-27.

王宗兴, 范士亮, 徐勤增, 等. 2010. 青岛近海春季大型底栖动物群落特征. 海洋科学进展, 28(1): 50-56.

魏印心, 李谨, 虞左明. 2001. 钱塘江引水治理后西湖浮游藻类群落的研究//中国藻类学会第十一次学术讨论会论文摘要集.

闻欣, 邱利, 章双双, 等. 2014. 引江济太入湖污染物通量及其对太湖水质贡献. 四川环境, 33(5): 67-71.

吴阿娜, 杨凯, 车越, 等. 2005. 河流健康状况的表征及其评价. 水科学进展, 16(4): 602-608.

吴迪, 岳峰, 罗祖奎, 等. 2011. 上海大莲湖湖滨带湿地的生态修复. 生态学报, 31(11): 2999-3008.

吴洁, 王锐, 俞剑莹, 等. 1999. 西湖引水治理后的底栖动物群落. 环境污染与防治, 21(5): 25-29.

吴攀, 邓建明, 秦伯强, 等. 2013. 水温和营养盐增加对太湖冬、春季节藻类生长的影响. 环境科学研究, 26(10): 1064-1071.

吴时强, 丁道扬. 1992. 剖开算子法解具有自由表面的平面紊流速度场. 水利水运科学研究, (1): 39-48.

吴挺峰, 朱广伟, 秦伯强, 等. 2012. 前期风场控制的太湖北部湖湾水动力及对蓝藻水华影响. 湖泊科学, 24(3): 409-415.

吴晓东, 孔繁翔, 张晓峰, 等. 2008. 太湖与巢湖水华蓝藻越冬和春季复苏的比较研究. 环境科学, 29(5): 1313-1318.

吴召仕, 蔡永久, 陈宇炜, 等. 2011. 太湖流域主要河流大型底栖动物群落结构及水质生物学评价. 湖泊科学, 23(5): 686-694.

吴芝瑛, 陈鋆. 2008. 小流域水污染治理示范工程——杭州长桥溪的生态修复. 湖泊科学, 20(1): 33-38.

向速林, 朱梦圆, 朱广伟, 等. 2014. 太湖东部湖湾大型水生植物分布对水质的影响. 中国环境科学, (11): 2881-2887.

肖清芳. 1998. 太湖水质富营养化问题探讨. 江苏水利, 1: 44-46.

谢兴勇, 钱新, 钱瑜, 等. 2008. "引江济巢"工程中水动力及水质数值模拟. 中国环境科学, 28(12): 1133-1137.

谢兴勇, 钱新, 张玉超, 等. 2009. 引江济巢对巢湖的水环境影响分析. 环境科学研究, (8): 897-901.

谢杨杨. 2014. 东平湖大型底栖动物研究及水质评价. 济南: 山东师范大学.

熊金林. 2005. 不同营养水平湖泊浮游生物和底栖动物群落多样性的研究. 武汉: 华中科技大学.

徐超, 朱冰川, 顾中华, 等. 2014. "生态清淤"和"调水引流"期间梅梁湖浮游植物群落结构及其水质分析//2014 中国环境科学学会学术年会(第四章).

徐天宝, 马巍, 黄伟. 2013. 牛栏江-滇池补水工程改善滇池水环境效果预测. 人民长江, 44(12): 11-13.

许海, 秦伯强, 朱广伟. 2012. 太湖不同湖区夏季蓝藻生长的营养盐限制研究. 中国环境科学, 32(12): 2230-2236.

许浩, 蔡永久, 汤祥明, 等. 2015. 太湖大型底栖动物群落结构与水环境生物评价. 湖泊科学, 24(5): 840-852.

杨立信. 2003. 国外调水工程. 北京: 中国水利水电出版社.

叶春, 李春华. 2014. 太湖湖滨带现状与生态修复. 北京: 科学出版社.

殷福才, 张之源. 2003. 巢湖富营养化研究进展. 湖泊科学, 15(4): 377-384.

殷旭旺, 渠晓东, 李庆南, 等. 2012. 基于着生藻类的太子河流域水生态系统健康评价. 生态学报, 32(6): 1677-1691.

殷旭旺, 张远, 渠晓东, 等. 2013. 太子河着生藻类群落结构空间分布特征. 环境科学研究, 26(5): 502-508.

虞左明, 李瑾, 蔡飞. 1997. 西湖引水治理前后底栖动物群落的比较研究. 杭州大学学报, 24: 93-94.

原居林, 沈锦玉, 尹文林, 等. 2010. 应用浮游植物群落结构及富营养化指数评价南太湖底泥疏浚效果. 水生态学杂志, 3(1): 14-18.

曾庆飞, 谷孝鸿, 周露洪, 等. 2011. 东太湖水质污染特征研究. 中国环境科学, 31(8): 1355-1361.

翟淑华, 郭孟朴. 1996. 望虞河引水对太湖影响前景分析. 水资源保护, 4: 12-15.

张丹宁. 1995. 玄武湖引水工程的环境效益分析. 环境监测管理与技术, (3): 17-18.

张海春, 李春杰, 陈雪初, 等. 2010. 光照度对水柱中斜生栅藻生长的影响. 环境科学与技术, 33(4): 53-56.

张浩, 户超. 2012. 引黄调水对衡水湖湿地水质水量影响研究. 人民黄河, 34: 86-88.

张浩, 丁森, 张远, 等. 2015. 西辽河流域鱼类生物完整性指数评价及与环境因子的关系. 湖泊科学, 27(5): 829-839.

张皓, 徐东炯, 张翔, 等. 2015. 应用大型底栖无脊椎动物评价常州市"清水工程生态修复"示范河道的研究. 环境污染与防治, 37(1): 12-19.

张建华, 郑宾国, 张继彪, 等. 2011. 太湖底泥污染物分布特征分析. 环境化学, 30(5): 1047-1048.

张杰, 蔡德所, 曹艳霞, 等. 2011. 评价漓江健康的 RIVPACS 预测模型研究. 湖泊科学, 73(1): 73-79.

张霄宇, 於建琴, 张微, 等. 2008. 引江济太前后太湖水质变化研究. 能源环境保护, 22(5): 60-64.

张晓晴, 陈求稳. 2011. 太湖水质时空特性及其与蓝藻水华的关系. 湖泊科学, 23: 339-347.

张艳会, 杨桂山, 万荣荣. 2014. 湖泊水生态系统健康评价指标研究. 资源科学, 36(6): 1306-1315.

张咏, 黄娟, 徐东炯, 等. 2012. 水生态监测技术路线选择与业务化运行关键问题研究. 环境监控与预警, 4(6): 7-9.

张又, 刘凌, 姚秀岚, 等. 2013. "引江济太"调水中望虞河水质变化的规律. 水资源保护, 29:

53-57.

赵凯, 李振国, 魏宏农, 等. 2015. 太湖贡湖湾水生植被分布现状(2012 年). 湖泊科学, 27(3): 421-428.

赵瑞, 高欣, 丁森, 等. 2015. 辽河流域大型底栖动物耐污值. 生态学报, 35(14): 4797-4809.

赵世新, 张晨, 高学平, 等. 2012. 南水北调东线调度对南四湖水质的影响. 湖泊科学, 24: 923-931.

赵湘桂, 曹艳霞, 张杰, 等. 2009. 影响漓江底栖动物群落的主要环境因素解析. 广西师范大学学报(自然科学版), 27(2): 137-141.

赵琰鑫, 张万顺, 吴静, 等. 2012. 水利调度修复东湖水质的数值模拟. 长江流域资源与环境, 21: 168-173.

赵永宏, 邓祥征, 战金艳, 等. 2010. 我国湖泊富营养化防治与控制策略研究进展. 环境科学与技术, 33(3): 92-98.

郑奇, 王珊珠. 2013. 滴水湖区域调水对湖水水质影响分析//中国水利学会 2013 学术年会论文集-S2 湖泊治理开发与保护.

中国科学院南京地理与湖泊研究所. 2015. 湖泊调查技术规程. 北京: 科学出版社.

钟春妮, 杨桂军, 高映海, 等. 2012. 太湖贡湖湾大型浮游动物群落结构的季节变化. 水生态学杂志, 33: 47-52.

钟继承, 刘国锋, 范成新, 等. 2010. 湖泊底泥疏浚环境效应: Ⅳ. 对沉积物微生物活性与群落功能多样性的影响及其意义. 湖泊科学, 22(1): 21-28.

钟继承, 刘国锋, 范成新, 等. 2009a. 湖泊底泥疏浚环境效应: Ⅲ. 对沉积物反硝化作用的影响. 湖泊科学, 21(4): 465-473.

钟继承, 刘国锋, 范成新, 等. 2009b. 湖泊底泥疏浚环境效应: Ⅱ. 内源氮释放控制作用. 湖泊科学, 21(3): 335-344.

钟继承, 刘国锋, 范成新, 等. 2009c. 湖泊底泥疏浚环境效应: Ⅰ. 内源磷释放控制作用. 湖泊科学, 21(1): 84-93.

周进, 孟凡玲, 万芳, 等. 2011. 乌梁素海生态调水研究. 人民黄河, 33: 51-54.

Adamowski K, Prokoph A, Adamowski J, et al. 2009. Development of a new method of wavelet aided trend detection and estimation. Hydrological Processes, 23(18): 2686-2696.

Alden R W, Dauer D M, Ranasinghe J A, et al. 2002. Statistical verification of the Chesapeake Bay benthic index of biotic integrity. Environmetrics, 13(5-6): 473-498.

Álvarez-Cabria M, Barquín J, Juanes J A. 2010. Spatial and seasonal variability of macro invertebrate metrics: Do macroinvertebrate communities track river health? Ecological Indicators, 10(2): 370-379.

Álvarez-Cabria M, Barquín J, Juanes J A. 2011. Macroinvertebrate community dynamics in a temperate European Atlantic river. Do they conform to general ecological theory? Hydrobiologia, 658(1): 277-291.

Amano Y, Sakai Y, Sekiya T, et al. 2010. Effect of phosphorus fluctuation caused by river water dilution in eutrophic lake on competition between blue-green alga *Microcystis aeruginosa* and diatom *Cyclotella* sp. Journal of Environmental Sciences, 22(11): 1666-1673.

Andersson G, Berggren H, Cronberg G, et al. 1978. Effects of planktivorous and bentivorous fish on organisms and water chemistry in eutrophic lakes. Hydrobiologia, 59: 9-15.

Astin L E. 2007. Developing biological indicators from diverse data: The Potomac Basin-Wide Index of Benthic Integrity (B-IBI). Ecological Indicators, 7(4): 895-908.

Barbour M T, Gerritsen J, Griffith G E, et al. 1996. A framework for biological criteria for Florida streams using benthic macroinvertebrates. Journal of the North American Benthological Society, 15(2): 185-211.

Barbour M T, Gerritsen J, Snyder B D, et al. 1999. Rapid Bioassessment Protocols for Use in Streams and Wadeable Rivers: Periphyton, Benthic Macroinvertebrates and Fish. Washington, D. C.: U. S. Environmental Protection Agency, Office of Water.

Bash J S, Ryan C M. 2002. Stream restoration and enhancement projects: Is anyone monitoring? Environmental Management, 29(6): 877-885.

Beadle C L. 1993. Growth analysis//Photosynthesis and Production in a Changing Environment.

Benndorf J Ü, Böing W, Koop J, et al. 2002. Top-down control of phytoplankton: the role of time scale, lake depth and trophic state. Freshwater Biology, 47(12): 2282-2295.

Bernhardt E S, Palmer M A, Allan J D, et al. 2005. Synthesizing U. S. river restoration efforts. Science, 308(5722): 636-637.

Blocksom K A, Kurtenbach J P, Klemm D J, et al. 2002. Development and evaluation of the Lake Macroinvertebrate Integrity Index (LMII) for New Jersey lakes and reservoirs. Environmental Monitoring and Assessment, 77(3): 311-333.

Brua R B, Culp J M, Benoy G A. 2011. Comparison of benthic macroinvertebrate communities by two methods: Kick- and U-net sampling. Hydrobiologia, 658(1): 293-302.

Buchanan B P, Walter M T, Nagle G N, et al. 2012. Monitoring and assessment of a river restoration project in central New York. River Research and Applications, 28(2): 216-233.

Burkert U, Hyenstrand P, Drakare S, et al. 2001. Effects of the mixotrophic flagellate *Ochromonas* sp. on colony formation in *Microcystis aeruginosa*. Aquatic Ecology, 35(1): 11-17.

Burns C W. 1998. Planktonic interactions with an austral bias: Implications for biomanipulation. Lakes and Reservoirs: Research & Management, 3(2): 95-104.

Cao H S, Kong F X, Luo L C, et al. 2006. Effects of wind and wind-induced waves on vertical phytoplankton distribution and surface blooms of *Microcystis aeruginosa* in Lake Taihu. Journal of Freshwater Ecology, 21(2): 231-238.

Carrick H J, Aldridge F J, Schelske C L. 1993. Wind influences phytoplankton biomass and composition in a shallow, productive lake. Limnology and Oceanography, 38: 1179-1192.

Chen K N, Bao C H, Zhou W P. 2009. Ecological restoration in eutrophic Lake Wuli: A large enclosure experiment. Ecological Engineering, 35(11): 1646-1655.

Chinnayakanahalli K J, Hawkins C P, Tarboton D G, et al. 2011. Natural flow regime, temperature and the composition and richness of invertebrate assemblages in streams of the western United States. Freshwater Biology, 56(7): 1248-1265.

Clarke K R. 1993. Non-parametric multivariate analysis of changes in community structure. Australian Journal of Ecology, 18: 117-143.

Cooke G D, Welch E B, Peterson S, et al. 2016. Restoration and Management of Lakes and

Reservoirs. 3rd ed. Boca Raton: CRC Press.

Cotner J B, Biddanda B A. 2002. Small players, large role: Microbial influence on biogeochemical processes in pelagic aquatic ecosystems. Ecosystems, 5: 105-121.

Coveney M F, Lowe E F, Battoe L E, et al. 2005. Response of a eutrophic, shallow subtropical lake to reduced nutrient loading. Freshwater Biology, 50(10): 1718-1730.

Dallas H F. 2013. Ecological status assessment in mediterranean rivers: Complexities and challenges in developing tools for assessing ecological status and defining reference conditions. Hydrobiologia, 719(1): 483-507.

de Freitas Terra B, Hughes R M, Francelino M R, et al. 2003. Assessment of biotic condition of Atlantic Rain Forest streams: A fish-based multimetric approach. Ecological Indicators, 34: 136-148.

de Mendoza G, Catalan J. 2010. Lake macroinvertebrates and the altitudinal environmental gradient in the Pyrenees. Hydrobiologia, 648(1): 51-72.

Elser J J, Hassett R P. 1994. A stoichiometric analysis of the zooplankton-phytoplankton interaction in marine and freshwater ecosystems. Nature, 370: 211-213.

Elser J J, Marzolf E R, Goldman C R. 1990. Phosphorus and nitrogen limitation of phytoplankton growth in the freshwaters of North America: A review and critique of experimental enrichments. Canadian Journal of Fisheries and Aquatic Sciences, 47: 1468-1477.

Fishar M R, Williams W P. 2006. A feasibility study to monitor the macroinvertebrate diversity of the River Nile using three sampling methods. Hydrobiologia, 556: 137-147.

Fisher M M, Reddy K R, James R T. 2005. Internal nutrient loads from sediments in a shallow, subtropical lake. Lake and Reservoir Management, 21(3): 338-349.

Frouin P. 2000. Effects of anthropogenic disturbances of tropical soft-bottom benthic communities. Marine Ecology Progress Series, 194: 39-53.

Gong Z J, Xie P. 2001. Impact of eutrophication on biodiversity of the macrozoobenthos community in a Chinese shallow lake. Journal of Freshwater Ecology, 16(2): 171-178.

Griffith M B, Hill B H, McCormick F H, et al. 2005. Comparative application of indices of biotic integrity based on periphyton, macroinvertebrates, and fish to southern Rocky Mountain streams. Ecological Indicators, 5(2): 117-136.

Grossart H P. 2010. Ecological consequences of bacterioplankton lifestyles: Changes in concepts are needed. Environmental Microbiology Reports, 2(6): 706-714.

Gurkan Z, Zhang J J, Jørgensen S E. 2006. Development of a structurally dynamic model for forecasting the effects of restoration of Lake Fure, Denmark. Ecolocial Modelling, 197: 89-102.

Halemejko G Z, Chrost R J. 1984. The role of phosphatases in phosphorus mineralization during decomposition of lake phytoplankton blooms. Archiv fur Hydrobiologie, 101(4): 489-502.

Hering D, Borja A, Carvalho L, et al. 2013. Assessment and recovery of European water bodies: Key messages from the WISER project. Hydrobiologia, 704(1): 1-9.

Hillbricht-Ilkowska A. 1999. Shallow lakes in lowland river systems: Role in transport and transformations of nutrients and in biological diversity//Shallow Lakes' 98. Springer, Dordrecht, 349-358.

Hobbs R J, Harris J A. 2001. Restoration ecology: repairing the Earth's ecosystems in the new millennium. Restoration Ecology, 9(2): 239-246.

Horsak M, Bojková J, Zahrádková S, et al. 2009. Impact of reservoirs and channelization on lowland river macroinvertebrates: A case study from Central Europe. Limnologica, 39(2): 140-151.

Hosper H, Meyer M L. 1986. Control of phosphorus loading and flushing as restoration methods for Lake Veluwe, the Netherlands. Hydrobiological Bulletin, 20(1-2): 183-194.

Hosper S H. 1998. Stable states, buffers and switches: An ecosystem approach to the restoration and management of shallow lakes in the Netherlands. Water Science and Technology, 37: 151-164.

Hu L M, Hu W P, Zhai S H, et al. 2010. Effects on water quality following water transfer in Lake Taihu, China. Ecological Engineering, 36(4): 471-481.

Hu W P, Zhai S J, Zhu Z C, et al. 2008. Impacts of the Yangtze River water transfer on the restoration of Lake Taihu. Ecological Engineering, 34: 30-49.

Huang J C, Gao J F, Hörmann G. 2012. Hydrodynamic-phytoplankton model for short-term forecasts of phytoplankton in Lake Taihu, China. Limnologica-Ecology and Management of Inland Waters, 42(1): 7-18.

Jackson L L, Lopoukhine N, Hillyard D. 1995. Ecological restoration: A definition and comments. Restoration Ecology, 3(2): 71-75.

Jagtman E, van der Molen D, Vermij S. 1992. The influence of flushing on nutrient dynamics, composition and densities of algae and transparency in Veluwemeer, The Netherlands. Hydrobiologia, 233(1-3): 187-196.

Jansson M. 1998. Nutrient limitation and bacteria-phytoplankton interactions in humic lakes. Aquatic Humic Substances, 133: 177-195.

Jeppesen E, Meerhoff M, Jacobsen B A, et al. 2007a. Restoration of shallow lakes by nutrient control and biomanipulation-the successful strategy varies with lake size and climate. Hydrobiologia, 581: 269-285.

Jeppesen E, Søndergaard M, Christoffersen K. 1997. The Structuring Role of Submerged Macrophytes in Lakes. New York: Springer.

Jeppesen E, Søndergaard M, Meerhoff M, et al. 2007b. Shallow lake restoration by nutrient loading reduction-some recent findings and challenges ahead. Shallow Lakes in a Changing World, 584: 239-252.

Jia S B, You Y H, Wang R. 2008. Influence of water diversion from Yangtze River to Taihu Lake on nitrogen and phosphorus concentrations in different water areas. Water Resources Protection, 24(3): 53-56.

Jia Y H, Yang Z, Su W, et al. 2014. Controlling of cyanobacteria bloom during bottleneck stages of algal cycling in shallow Lake Taihu (China). Journal of Freshwater Ecology, 29: 129-140.

Jin X C, Xu Q J, Yan C Z. 2006. Restoration scheme for macrophytes in a hypertrophic water body, Wuli Lake, China. Lakes and Reservoirs: Research and Management, 11: 21-27.

Johnson R K. 1998. Spatiotemporal variability of temperate lake macroinvertebrate communities: Detection of impact. Ecological Applications, 8(1): 61-70.

Jones S E, Newton R J, McMahon K D. 2009. Evidence for structuring of bacterial community composition by organic carbon source in temperate lakes. Environmental Microbiology, 11: 2463-2472.

Jørgensen S E. 1992. Structural dynamic eutrophication models//Sutcliffe D W, Jones J G. Eutrophication: research and application to water supply. Ambleside, UK: Freshwater Biological Association: 59-72.

Jørgensen S E. 1995. The application of ecological indicators to assess the ecological condition of a lake. Lakes and Reservoirs: Research and Management, 1: 177-182.

Kairesalo T, Laine S, Luokkanen E, et al. 1999. Direct and indirect mechanisms behind successful biomanipulation. Hydrobiologia, 395: 99-106.

Karr J R. 1981. Assessment of biotic integrity using fish communities. Fisheries, 6(6): 21-27.

Karr J R. 1991. Biological integrity: A long-neglected aspect of water-resource management. Ecological Applications, 1(1): 66-84.

Karr J R. 1993. Defining and assessing ecological integrity-beyond water-quality. Environmental Toxicology and Chemistry, 12(9): 1521-1531.

Karr J R. 1999. Defining and measuring river health. Freshwater Biology, 41(2): 221-234.

Keizer-Vlek H E. Verdonschot P F M, Verdonschot R C M, et al. 2012. Quantifying spatial and temporal variability of macroinvertebrate metrics. Ecological Indicators, 23: 384-393.

Kerans B L, Karr J R. 1994. A benthic index of biotic integrity (B-IBI) for rivers of the tennessee valley. Ecological Applications, 4(4): 768-785.

Lake P S. 2001. On the maturing of restoration: linking ecological research and restoration. Ecological Management & Restoration, 2(2): 110-115.

Lauridsen T L, Sandsten H, Hald Møller P. 2003. The restoration of a shallow lake by introducing *Potamogeton* spp.: The impact of waterfowl grazing. Lakes and Reservoirs: Research and Management, 8: 177-187.

Leung A S L, Li AOY, Dudgeon D. 2012. Scales of spatiotemporal variation in macroinvertebrate assemblage structure in monsoonal streams: The importance of season. Freshwater Biology, 57(1): 218-231.

Levine S, Schindler D W. 1999. Influence of nitrogen to phosphorus supply ratios and physicochemical conditions on cyanobacteria and phytoplankton species composition in the Experimental Lakes Area, Canada. Canadian Journal of Fisheries and Aquatic Sciences, 56(3): 451-466.

Lewin I, Czerniawska-Kusza I, Szoszkiewicz K, et al. 2013. Biological indices applied to benthic macroinvertebrates at reference conditions of mountain streams in two ecoregions (Poland, the Slovak Republic). Hydrobiologia, 709(1): 183-200.

Li Y P, Acharya K, Yu Z B. 2011. Modeling impacts of Yangtze River water transfer on water ages in Lake Taihu, China. Ecological Engineering, 37: 325-334.

Li Y P, Tang C Y, Wang C, et al. 2013. Improved Yangtze River Diversions: Are they helping to solve algal bloom problems in Lake Taihu, China? Ecological Engineering, 51: 104-116.

Lüderitz V, Speierl T, Langheinrich U, et al. 2011. Restoration of the Upper Main and Rodach rivers —The success and its measurement. Ecological Engineering, 37(12): 2044-2055.

Lunde K B, Cover M R, Mazor R D, et al. 2013. Identifying reference conditions and quantifying biological variability within benthic macroinvertebrate communities in perennial and non-perennial Northern California streams. Environmental Management, 51(6): 1262-1273.

Luo L C, Qin B Q, Zhu G W. 2004. Sediment distribution pattern mapped from the combination of objective analysis and geostatistics in the large shallow Taihu Lake, China. Journal of Environmental Sciences, 16(6): 908-911.

Ma J, Brookes J D, Qin B, et al. 2014. Environmental factors controlling colony formation in blooms of the cyanobacteria *Microcystis* spp. in Lake Taihu, China. Harmful Algae, 31: 136-142.

Masese F O, Raburu P O, Muchiri M. 2009. A preliminary benthic macroinvertebrate index of biotic integrity (B-IBI) for monitoring the Moiben River, Lake Victoria Basin, Kenya. African Journal of Aquatic Science, 34(1): 1-14.

Maxted J R, Barbour M T, Gerritsen J, et al. 2000. Assessment framework for mid-Atlantic coastal plain streams using benthic macroinvertebrates. Journal of the North American Benthological Society, 19(1): 128-144.

May L, Spears B M. 2011. Managing ecosystem services at Loch Leven, Scotland, UK: actions, impacts and unintended consequences//Loch Leven: 40 years of scientific research. Springer, Dordrecht, 117-130.

Mazor R D, Reynoldson T B, Rosenberg D M, et al. 2006. Effects of biotic assemblage, classification, and assessment method on bioassessment performance. Canadian Journal of Fisheries and Aquatic Sciences, 63(2): 394-411.

Mehner T, Diekmann M, Gonsiorczyk T, et al. 2008. Rapid recovery from eutrophication of a stratified lake by disruption of internal nutrient load. Ecosystems, 11(7): 1142-1156.

Meijer M L, de Boois I, Scheffer M, et al. 1999. Biomanipulation in shallow lakes in The Netherlands: an evaluation of 18 case studies//Shallow Lakes' 98. Springer, Dordrecht, 13-30.

Moreno P, Franca J S, Ferreira W R, et al. 2009. Use of the BEAST model for biomonitoring water quality in a neotropical basin. Hydrobiologia, 630(1): 231-242.

Moss B, Stansfield J, Irvine K, et al. 1996. Progressive restoration of a shallow lake: A 12-year experiment in isolation, sediment removal and biomanipulation. Journal of Applied Ecology, 33: 71-86.

Muylaert K, Van der Gucht K, Vloemans N, et al. 2002. Relationship between bacterial community composition and bottom-up versus top-down variables in four eutrophic shallow lakes. Applied and Environmental Microbiology, 68(10): 4740-4750.

Nixdorf B, Deneke R. 1997. Why very shallow lakes are more successful opposing reduced nutrient loads. Hydrobiologia, 342: 269-284.

Nõges T. 2009. Relationships between morphometry, geographic location and water quality parameters of European lakes. Hydrobiologia, 633: 33-43.

Norris R H, Hawkins C P. 2000. Monitoring river health. Hydrobiologia, 435(1-3): 5-17.

Oglesby R T. 1969. Effects of controlled nutrient dilution on the eutrophication of a lake. Advances in Water Pollution Research, 747-757.

Paerl H W, Huisman J. 2008. Blooms like it hot. Science, 320: 57-58.

Paerl H W, Huisman J. 2009. Climate change: A catalyst for global expansion of harmful cyanobacterial blooms. Environmental Microbiology Reports, 1: 27-37.

Paerl H W, Dyble J, Moisander P H, et al. 2003. Microbial indicators of aquatic ecosystem change: Current applications to eutrophication studies. FEMS Microbiology Ecology, 46: 233-246.

Pearsall W H. 1932. Phytoplankton in the English Lakes: II. The composition of the phytoplankton in relation to dissolved substances. The Journal of Ecology, 20: 241-262.

Peck D V, Olsen A R, Weber M H, et al. 2013. Survey design and extent estimates for the National Lakes Assessment. Freshwater Science, 32(4): 1231-1245.

Peet R K. 1980. Ordination as a tool for analyzing complex data sets//Classification and Ordination. Netherlands: Springer: 171-174.

Perrow M R, Meijer M L, Dawidowicz P, et al. 1997. Biomanipulation in shallow lakes: State of the art. Hydrobiologia, 342: 355-365.

Peterlin M, Urbanič G. 2013. A Lakeshore Modification Index and its association with benthic invertebrates in alpine lakes. Ecohydrology, 6(2): 297-311.

Peterson S A, Urquhart N S, Welch E B. 1999. Sample representativeness: A must for reliable regional lake condition estimates. Environmental Science & Technology, 33(10): 1559-1565.

Pinhassi J, Berman T. 2003. Differential growth response of colony-forming α-and γ-proteobacteria in dilution culture and nutrient addition experiments from Lake Kinneret (Israel), the eastern Mediterranean Sea, and the Gulf of Eilat. Applied and Environmental Microbiology, 69: 199-211.

Ponti M, Pinna M, Basset A, et al. 2008. Quality assessment of Mediterranean and Black Sea transitional waters: Comparing responses of benthic biotic indices. Aquatic Conservation-Marine and Freshwater Ecosystems, 18: S62-S75.

Qin B Q. 2008. Lake Taihu, China:Dynamics and Environmental Change. Berlin: Springer.

Qin B Q, Zhu G W, Gao G, et al. 2010. A drinking water crisis in Lake Taihu, China: Linkage to climatic variability and lake management. Environmental Management, 45(1): 105-112.

Reynolds C S, Huszar V, Kruk C, et al. 2002. Towards a functional classification of the freshwater phytoplankton. Journal of Plankton Research, 24: 417-428.

Reynoldson T B, Norris R H, Resh V H, et al. 1997. The reference condition: A comparison of multimetric and multivariate approaches to assess water-quality impairment using benthic macroinvertebrates. Journal of the North American Benthological Society, 16(4): 833-852.

Saloom M E, Scot Duncan D S. 2005. Low dissolved oxygen levels reduce anti-predation behaviours of the freshwater clam Corbicula fluminea. Freshwater Biology, 50(7): 1233-1238.

Scheffer M, van Nes E H. 2007. Shallow lakes theory revisited: various alternative regimes driven by climate, nutrients, depth and lake size//Shallow lakes in a changing world. Springer, Dordrecht: 455-466.

Scheffer M, Carpenter S R, Foley J A, et al. 2001. Catastrophic shifts in ecosystems. Nature, 413: 591-596.

Schreiber J, Brauns M. 2010. How much is enough? Adequate sample size for littoral macroinvertebrates in lowland lakes. Hydrobiologia, 649(1): 365-373.

Schwalb A N, Bouffard D, Ozersky T, et al. 2013. Impacts of hydrodynamics and benthic communities on phytoplankton distributions in a large, dreissenid-colonized lake (Lake Simcoe, Ontario, Canada). Inland Waters, 3(2): 269-284.

Seckbach J. 2007. Algae and cyanobacteria in extreme environments. Cellular Origin, Life in Extreme Habitats and Astrobiology, 11: 3-20.

Selvakumar A, O'Connor T P, Struck S D. 2010. Role of stream restoration on improving benthic macroinvertebrates and in-stream water quality in an urban watershed: Case study. Journal of Environmental Engineering-Asce, 136(1): 127-139.

Shade A, Read J S, Welkie D G, et al. 2011. Resistance, resilience and recovery: Aquatic bacterial dynamics after water column disturbance. Environmental Microbiology, 13: 2752-2767.

Silow E A, In-Hye O. 2004. Aquatic ecosystem assessment using exergy. Ecological Indicators, 4(3): 189-198.

Smith A J, Bode R W, Kleppel G S. 2007. A nutrient biotic index (NBI) for use with benthic macroinvertebrate communities. Ecological Indicators, 7(2): 371-386.

Smith E P, Orvos D R, Cairns Jr J. 1993. Impact assessment using the before–after-control–impact modelmodel: Concerns and comments. Canadian Journal of Fisheries and Aquatic Sciences, 50: 627-637.

Smith V H. 2003. Eutrophication of freshwater and coastal marine ecosystems a global problem. Environmental Science and Pollution Research, 10: 126-139.

Smith V H, Joye S B, Howarth R W. 2006. Eutrophication of freshwater and marine ecosystems. Limnology and Oceanography, 51: 351-355.

Søndergaard M, Jensen J P, Jeppesen E. 1999. Internal phosphorus loading in shallow Danish lakes. Hydrobiologia, 409: 145-152.

Søndergaard M, Jeppesen E, Lauridsen T L. et al. 2007. Lake restoration: Successes, failures and long-term effects. Journal of Applied Ecology, 44(6): 1095-1105.

Talling J F. 2001. Environmental controls on the functioning of shallow tropical lakes. Hydrobiologia, 458: 1-8.

Ter Braak C J F. 1986. Canonical correspondence analysis: A new eigenvector technique for multivariate direct gradient analysis. Ecology, 67(5): 1167-1179.

Ter Braak C J F, Smilauer P. 2002. CANOCO Reference Manual and CanoDraw for Windows User's Guide: Software for Canonical Community Ordination (version 4. 5). Ithaca New York.

Trigal C, García-Criado F, Fernández-Aláez C. 2006. Among-habitat and temporal variability of selected macroinvertebrate based metrics in a Mediterranean Shallow Lake (NW Spain). Hydrobiologia, 563(1): 371-384.

Tsai J W, Kratz T K, Hanson P C, et al. 2011. Metabolic changes and the resistance and resilience of a subtropical heterotrophic lake to typhoon disturbance. Canadian Journal of Fisheries and Aquatic Sciences, 68: 768-780.

Underwood A J, Chapman M G. 1996. Scales of spatial patterns of distribution of intertidal invertebrates. Oecologia, 107(2): 212-224.

USEPA. 2012. National Lakes Assessment. Field Operations Manual. EPA 841-B-11-003.,

Washington, D C.

Verdonschot P F M, Spears B M, Feld C K, et al. 2013. A comparative review of recovery processes in rivers, lakes, estuarine and coastal waters. Hydrobiologia, 704(1): 453-474.

Verdonschot R C M, Keizer-Vlek H E, Verdonschot P F M. 2012. Development of a multimetric index based on macroinvertebrates for drainage ditch networks in agricultural areas. Ecological Indicators, 13(1): 232-242.

Vidal J, Rigosi A, Hoyer A, et al. 2014. Spatial distribution of phytoplankton cells in small elongated lakes subject to weak diurnal wind forcing. Aquatic Sciences, 76(1): 83-99.

Vondracek B, Koch J D, Beck M W. 2014. A comparison of survey methods to evaluate macrophyte index of biotic integrity performance in Minnesota lakes. Ecological Indicators, 36: 178-185.

Wang X Y, Feng J. 2007. Assessment of the effectiveness of environmental dredging in South Lake, China. Environmental Management, 40(2): 314-322.

Welch E B, Patmont C R. 1980. Lake restoration by dilution: Moses lake, Washington. Water Research, 14(9): 1317-1325.

Welch E B, Barbiero R P, Bouchard D, et al. 1992. Lake trophic state change and constant algal composition following dilution and diversion. Ecological Engineering, 1(3): 173-197.

Wetzel R G. 2001. Limnology. San Diego: Academic Press.

Whalen S C, Chalfant B B, Fischer E N, et al. 2006. Comparative influence of resuspended glacial sediment on physicochemical characteristics and primary production in two arctic lakes. Aquatic Sciences, 68: 65-77.

White J R, Fulweiler R, Li C Y, et al. 2009. Mississippi River flood of 2008: Observations of a large freshwater diversion on physical, chemical, and biological characteristics of a shallow estuarine lake. Environmental Science and Technology, 43: 5599-5604.

Willén E. 2000. Phytoplankton in Water Quality Assessment—An Indicator Concept//Heinonen P, Ziglio G, van der Beken A. Water Quality Measurements Series: Hydrological and Limnological Aspects of Lake Monitoring. Chichester, UK: John Wiley & Sons, Ltd.

Wohl E, Angermeier P L, Bledsoe B, et al. 2005. River restoration. Water Resources Research, 41(10): W10301.

Wortley L, Hero J M, Howes M. 2013. Evaluating ecological restoration success: A review of the literature. Restoration Ecology, 21(5): 537-543.

Wu Q L, Chen Y, Xu K, et al. 2007. Intra-habitat heterogeneity of microbial food web structure under the regime of eutrophication and sediment resuspension in the large subtropical shallow Lake Taihu, China. Hydrobiologia, 581: 241-254.

Wu X, Kong F. 2009. Effects of light and wind speed on the vertical distribution of *Microcystis aeruginosa* colonies of different sizes during a summer bloom. International Review of Hydrobiology, 94(3): 258-266.

Wu X, Kong F, Chen Y, et al. 2010. Horizontal distribution and transport processes of bloom-forming Microcystis in a large shallow lake (Taihu, China). Limnologica-Ecology and Management of Inland Waters, 40(1): 8-15.

Xing W, Wu H P, Hao B B, et al. 2013. Stoichiometric characteristics and responses of submerged macrophytes to eutrophication in lakes along the middle and lower reaches of the Yangtze River. Ecological Engineering, 54: 16-21.

Xu F L. 1996. Ecosystem health assessment of Lake Chao, a shallow eutrophic Chinese lake. Lakes and Reservoirs Research and Management, 2(1-2): 101-109.

Xu F L. 1997. Exergy and structural exergy as ecological indicators for the development state of the Lake Chaohu ecosystem. Ecological Modelling, 99(1): 41-49.

Xu F L, Tao S, Xu Z R. 1999. The restoration of riparian wetlands and macrophytes in Lake Chao, an eutrophic Chinese lake: possibilities and effects. Hydrobiologia, 405: 169-178.

Xu F L, Wang J J, Chen B, et al. 2011. The variations of exergies and structural exergies along eutrophication gradients in Chinese and Italian lakes. Ecological Modelling, 222(2): 337-350.

Xu H, Paerl H W, Qin B, et al. 2010. Nitrogen and phosphorus inputs control phytoplankton growth in eutrophic Lake Taihu, China. Limnology and Oceanography, 55(1): 420-432.

Xu H, Zhu G, Qin B, et al. 2013. Growth response of *Microcystis* spp. to iron enrichment in different regions of Lake Taihu, China. Hydrobiologia, 700(1): 187-202.

Zhai S, Hu W, Zhu Z. 2010. Ecological impacts of water transfers on Lake Taihu from the Yangtze River, China. Ecological Engineering, 36: 406-420.

Zhu G, Wang F, Zhang Y, et al. 2008. Hypoxia and its environmental influences in large, shallow, and eutrophic Lake Taihu, China. Internationale Vereinigung für Theoretische und Angewandte Limnologie: Verhandlungen, 30(3): 361-365.

Zou W N, Yuan L, Zhang L Q. 2013. Analyzing the spectral response of submerged aquatic vegetation in a eutrophic lake, Shanghai, China. Ecological Engineering, 57: 65-71.

彩　图

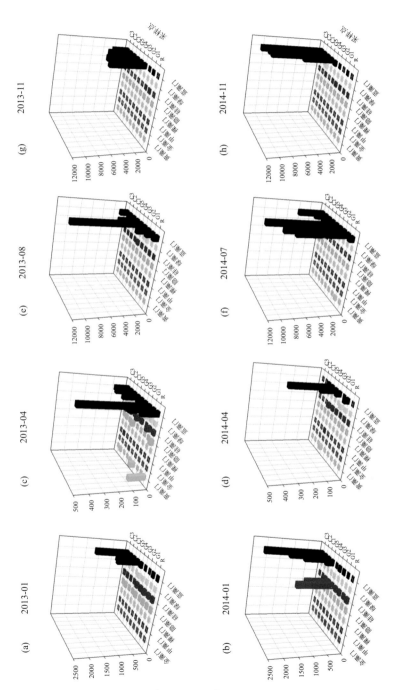

图 5-14　监测区浮游藻类各门类细胞密度的年际变化特征

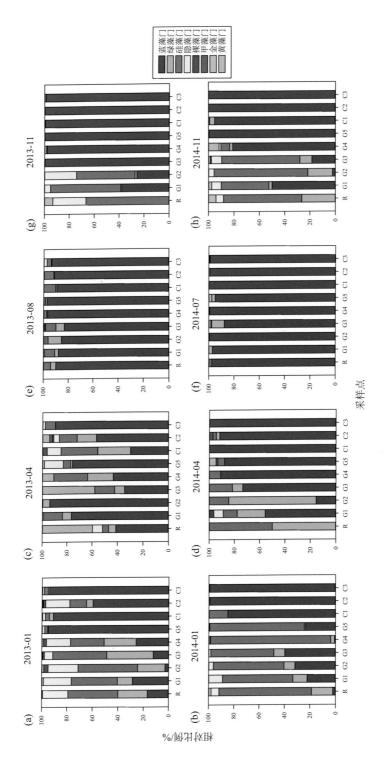

图 5-20　引水期与非引水期监测区藻类群落组成

R. 望虞河；G1~G5. 湾心轴线；C1~C3. 湖心区：下同

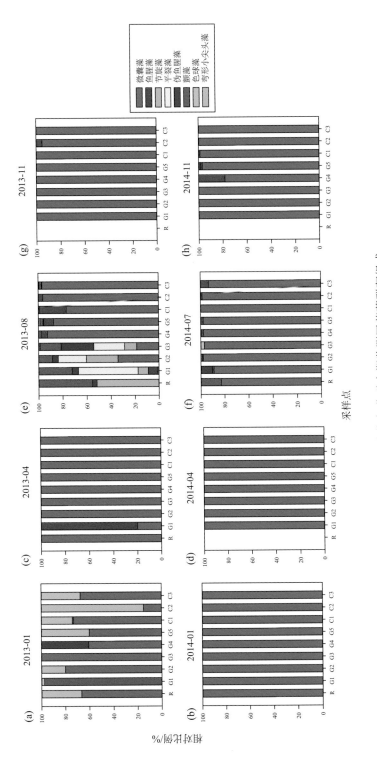

图 5-21 引水期与非引水期监测区蓝藻群落组成

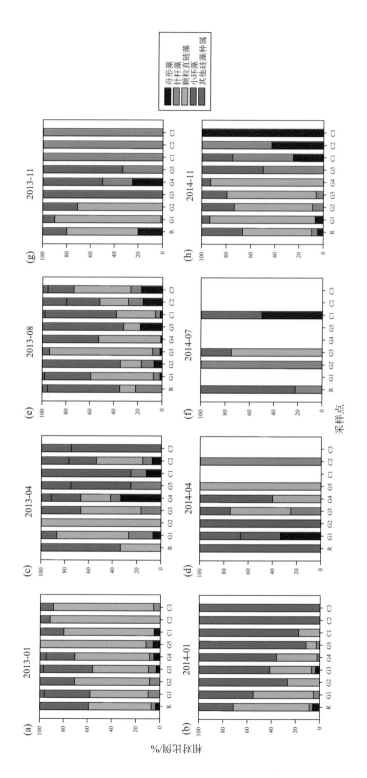

图 5-22　引水期与非引水期监测区硅藻群落组成

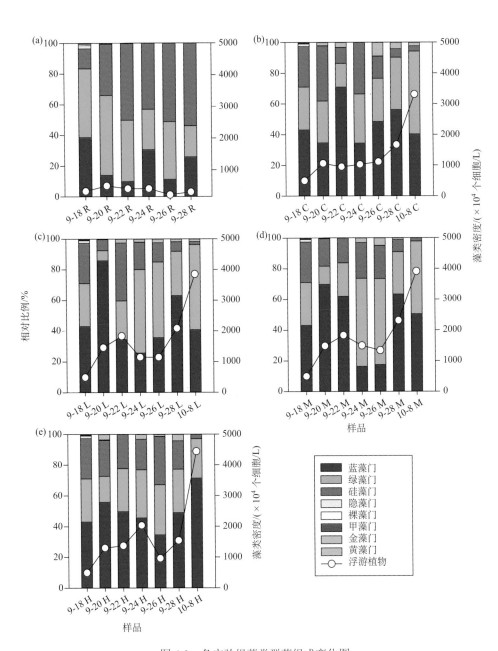

图 6-3　各实验组藻类群落组成变化图

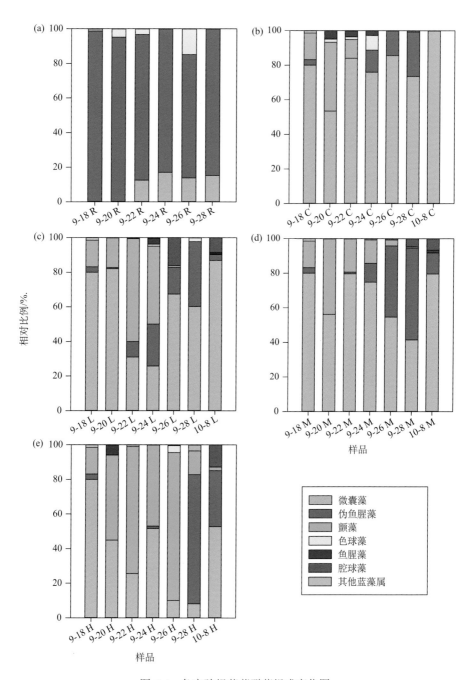

图 6-4　各实验组蓝藻群落组成变化图

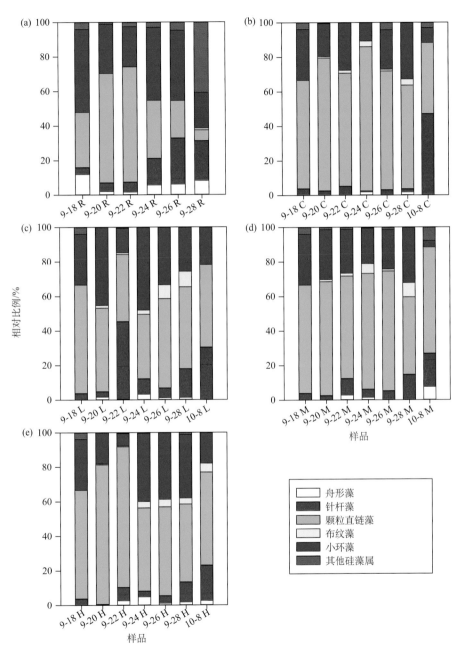

图 6-5 各实验组硅藻群落组成变化图

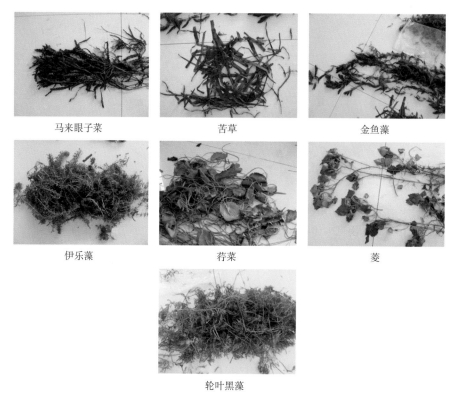

马来眼子菜   苦草   金鱼藻

伊乐藻   荇菜   菱

轮叶黑藻

图 9-41　东太湖主要水生植物

马来眼子菜、金鱼藻、轮叶黑藻、荇菜
马来眼子菜、金鱼藻、荇菜、菱

太湖清淤区域分布及
清淤时间
● 20130902采样点
2014
已清淤
2007
2008
2009
2010
2011

马来眼子菜、荇菜、菱

0.5 1　2
km

马来眼子菜、荇菜
马来眼子菜、金鱼藻、伊乐藻、苦草、荇菜

图 9-42　东太湖采样点水生植物分布状况